全国高职高专规划教材

环境保护与节能减排

（第三版）

李　然　　熊　薇　主编

中国环境出版集团・北京

图书在版编目（CIP）数据

环境保护与节能减排/李然，熊薇主编．--3 版．
-- 北京：中国环境出版集团，2024.1
全国高职高专规划教材
ISBN 978-7-5111-5820-8

Ⅰ．①环… Ⅱ．①李… ②熊… Ⅲ．①环境保护—高等职业教育—教材 ②节能—高等职业教育—教材 Ⅳ．①X②TK01

中国国家版本馆 CIP 数据核字（2024）第 022345 号

出 版 人 武德凯
策划编辑 黄晓燕
责任编辑 孟亚莉
封面设计 宋 瑞

出版发行 中国环境出版集团
（100062 北京市东城区广渠门内大街 16 号）
网 址：http://www.cesp.com.cn
电子邮箱：bjgl@cesp.com.cn
联系电话：010-67112765（编辑管理部）
010-67112735（第一分社）
发行热线：010-67125803，010-67113405（传真）

印 刷 玖龙（天津）印刷有限公司
经 销 各地新华书店
版 次 2010 年 8 月第 1 版 2024 年 1 月第 3 版
印 次 2024 年 1 月第 1 次印刷
开 本 787×960 1/16
印 张 12.25
字 数 240 千字
定 价 28.00 元

前言

当前，每个人都不同程度地享受到了社会发展的物质成果，同时又必须面对资源环境问题带来的巨大挑战。我们曾经或正在经历的以牺牲资源和环境为代价的发展模式，致使人类面临着严峻的环境污染、生态破坏、资源短缺、气候变化等环境问题，环境保护与节能减排已经成为刻不容缓的任务。只有每一个人都将保护资源和生态环境作为自己的责任和义务，才能应对和改善当前的环境危机。

党的十八大以来，以习近平同志为核心的党中央高度重视经济社会发展、人民生活保障与生态环境保护的统筹与协调。我国生态文明建设也开展了一系列开创性工作，取得了一系列巨大成效，美丽中国建设迈出重大步伐。经济社会的绿色化、低碳化发展也是推动高质量发展的重要动力。

作为未来发展的建设者或决策者，青年一代的意识、伦理、知识、信念，都将极大程度地决定世界的未来。在高职高专学校开设“环境保护与节能减排”公共课程，旨在提高学生的生态环境保护意识。通过对该课程的学习，使学生较系统地了解和掌握环境保护与节能减排的基本知识和方法及我国在此方面作出的努力和取得的成效，增强学生的生态文化自信和民族自豪感，提高学生环境保护意识，使保护环境成为自觉自愿的行动。

本书的设计比较全面地阐述有关环境保护和节能减排的基本知识。主要内容有环境和环境问题的基本概念、环境保护与可持续发展、环境伦理、环境保护法律法规、环境污染治理与生态保护、清洁生产、节能减排等。

根据上述原则，本次修订在保持原版内容结构不变的基础上，更新了人口、资源、生态环境方面的数据，并把我国现行的环境保护和节能减排相关法律法规、技术方法写入书中，以体现我国在生态环境保护和节能减排方面取得的成效和今后的发展方向。本书由李然、熊薇（云南省环境科学学会）任主编，朱晓敏、卿凤婷任副主编。参与编写者有：熊薇（第一章，第十章），张丁苓（第二章），江熙（第三章），卿凤婷（第四章、第八章），余良谋（第五章），朱晓敏（第六章），李然（第七章），任友昌（第九章）。全书由李然统稿并修改。

由于编者水平有限，编写时间仓促，书中内容难免存在疏漏和错误，恳切希望读者批评指正。

编　者

2024年1月

目　录

第一章　地球环境与生态系统

第一节　地球环境的基本特征

一、地球环境概况

环境科学研究的是人类赖以生存的地球环境，地球上的生物和非生物物质被视为环境要素。

人类环境包括自然环境和社会环境两部分。自然环境包括空气、水、阳光、土壤、矿物、岩石、生物等环境要素，及其构成的大气圈（主要是对流层）、水圈、土壤圈、生物圈和岩石圈。社会环境指人类的社会制度等上层建筑条件。

地球是迄今为止发现生命的唯一天体。地球上存在着大气、陆地、海洋；高空有臭氧层；大气中的二氧化碳使地球保持适中的温度；地表上覆盖一层土壤为植物提供营养和生长的基地；地壳的厚度适中，既能覆盖住岩浆，又能使地壳深部与浅部保持物质交流。正是有了这种优越条件，地球上才产生了生命。

二、地球各圈层的发育

大约在 46 亿年以前，地球是一个炙热的火球，没有圈层分化。地球发育的早期阶段，在太阳发射的热量、可见光、紫外线和 X 射线等作用下，C、H、O 与 N 等原子结合成 H_3、NH_4、CH_2 与 H_2O 等分子，构成原始大气的主要成分。

大约在 38 亿年以前，地球上出现了水，水的出现降低了地表温度，并产生了河流、湖泊和海洋。

海洋的出现给生物提供了躲避紫外线的场所，生命首先在海洋中产生。经过漫长的地质时期，到了大约 30 亿年前，原始海洋中的碳元素在射线作用下与其他元素结合产生了少量的有机分子，为叶绿素的光合作用合成糖创造了条件。

20 亿年以前，出现含叶绿素的生物，光合作用产生了 O_2，O_2 与 CH_4 作用生成 CO_2 和 H_2O，与 NH_3 作用生成 N_2 和 H_2O，在高空中 O_2 分子相互作用生成 O_3。

到 16 亿年前，形成了含氧大气层。O_3 在高空积累形成了吸收紫外线的臭氧层，为生物登陆创造了条件。此后，生命进化加速，12 亿年前出现真核细胞，5 亿年前出现海洋无脊椎动物，4.5 亿年前出现蕨类植物，2 亿年前出现哺乳动物。现在，已经形成了 500 万～5 000 万种生物，并包括人类的生物圈。

人类自诞生之日起，就和地球各圈层发生密切的关系。

三、人类与大气圈

大气圈是地球地表以上由各种气体和悬浮物组成的复杂流体系统，是在生命活动参与下长期发育形成的。

1．大气圈的结构

大气圈的边界很难确定，地表以上大气的浓度随着高度的增加而逐渐减少。但从流星和北极光的最高发光点推算，在离地球表面 800 km 的高空还有少量空气存在。一般来说，大气圈的厚度为 1 000 km。

大气圈的总质量估计为 5.2×10^{15} t，相当于地球质量（5.974×10^{21} t）的百万分之 0.87。大气质量在垂直方向的分布极不均匀。由于地心引力作用，几乎全部的气体集中在离地面 100 km 的高度范围内，其中 75%的大气又集中在地面至 10 km 高度的对流层范围内。

大气圈垂直方向分层有多种方法。目前世界各国普遍采用的大气圈分层方法是 1962 年世界气象组织（WMO）执行委员会正式通过的国际大地测量和地球物理学联合会（IUGG）建议的分层系统，即根据大气温度垂直变化特征，将大气圈分为对流层、平流层、中间层、热成层和逸散层。

（1）对流层。位于大气圈最下层、其平均厚度约为 12 km，存在强烈的垂直对流作用和水平运动。对流层中水蒸气和尘埃含量较高，雷电、雨雪、云雾、霜、雹等天气现象与过程都发生在这一层，对人类影响也最大。通常所指大气污染就是对此层而言，尤其是在近地面 1～2 km，受到地形、生物等影响，局部空气更是复杂多变。在对流层内，气温随高度的增加而降低，大约每升高 1 000 m，温度下降 5～6℃。

对流层顶的实际高度随纬度位置和季节而变化。平均而言，对流层的高度从赤道向两极减小，在低纬度地区对流层高为 17～18 km、中纬度地区为 12 km、高纬度地区为 8～9 km。对流层相对于整个大气圈的总厚度来说相当薄，而其质量却占整个大气总质量的 3/4 以上。

（2）平流层。位于对流层顶部至大约 50 km 的高度，也叫同温层。其下部有一明显的稳定层，温度基本不随高度变化，近似等温状态。稳定层以上温度又随高度增加而上升，这是由于地表辐射影响的减少，氧及臭氧对太阳辐射吸收加热使大气温度上升。这种温度结构抑制了大气垂直运动的发展，大气只有水平方向的运动。

平流层由于水蒸气和尘埃含量极少，没有雨雪等天气现象。

（3）中间层。位于平流层顶到大约 85 km 的高度，温度随高度增加而下降，到其顶部达到最低，是大气圈中最冷的一层，有大气的垂直对流运动。该层水蒸气浓度很低，但由于对流运动的发展，在某些特定条件下仍能出现夜光云。在大约 60 km 的高度上，大气分子在白天开始电离。因此，60～80 km 是均质层转向非均质层的过渡层。

（4）热层（暖层）。位于中间层顶到大约 800 km 的高度，又叫做增温层或电离层。温度随高度增加急剧上升，据测定，在 300 km 高度气温已达 1 000℃以上。该层空气分子在各种射线作用下大多发生电离，成为原子、离子和自由电子。在热层中由于太阳辐射强度的变化，而使各种成分离解过程表现出不同的特征。因此大气的化学组成也随高度增加而有很大的变化。

（5）外层（散逸层）。位于热层之上，是大气圈的最外侧。大气极其稀薄，地心引力微弱，气温随高度增高而升高。高温使这层上部的大气质点运动加快，而地球引力却大大减少，因而大气质点中某些高速运动分子不断脱离地球引力场而进入星际空间，也称为大气层向星际空间的过渡层。散逸层的上界也就是大气层的上界。据现代卫星探测资料分析，大气上界大体为 2 000～3 000 km。

2. 大气的精细平衡

空气与大气的区别：一般对于室内或某个特定场所（如车间、会议室和厂区等）供人和动植物生存的气体称作空气，而在气象学、环境科学中把大区域或全球性的气流叫做大气。

大气是多种气体的混合物，其组成包括恒定的、可变的和不定的组分。

大气的恒定组分是指大气中含有的氮、氧、氩及微量的氖、氦、氪、氙等稀有气体。其中氮、氧、氩三种组分占大气总量的99.96%，在近地层大气中这些气体组分的含量几乎不变。大气的可变组分主要是指大气中的二氧化碳、二氧化硫、臭氧和水蒸气等，这些气体的含量由于受地区、季节、气象以及人们生活和生产活动等因素的影响而有所变化。

由恒定组分及正常状态下的可变组分所组成的大气叫做洁净大气。

大气中的不定组分（如尘埃、硫化氢、硫氧化物、氮氧化物和细菌等）来源于自然灾害和人类活动。自然灾害包括火山爆发、森林火灾、海啸、地震等灾害；人类活动指人类的生产和生活活动（如人类生产的发展、城市增多与扩大、人口密集），或由于城市工业布局不合理、环境管理不善等。

各种不定组分进入大气，在数量不大时，由于大气的扩散、稀释、沉降、雨水洗涤、日光作用以及相互中和、化合或绿色植物的光合作用等一系列物理、化学和生物等因素的作用，而使大气的成分恢复到原来状态，对人体的健康一般不会构成严重的危害，这一过程称为大气的自净作用，是一种自然环境调节的重要机能。

当进入大气中的各种不定组分的数量超过大气的自净能力，其浓度达到了有害程度，破坏生态系统和人类正常生存和发展的条件，对人和物造成危害时称为大气污染。

大气污染是由自然灾害和人类活动造成的。由自然灾害造成的污染为暂时的、局部的，由人类活动造成的污染通常是长期的、大范围的。

3．大气组成

大气主要包括氮气、氧气、二氧化碳、二氧化硫、臭氧和水蒸气等，还有固体杂质。二氧化碳对地面有保温作用，臭氧可吸收紫外线，甲烷也是一种温室气体，其保温作用比二氧化碳强 300 多倍。

上述气体浓度是地球环境亿万年形成的精细平衡，破坏这种平衡就是破坏了生命的基础。

四、人类与水圈

水圈是一个由液态水和固态水构成的覆盖地球表面的连续圈层，包括海洋水、河流水、湖泊水、地下水、土壤水、冰川水，以及大气中的水蒸气。

1．水对人类和生态环境的作用

水是一切生命得以存在和发展的基本物质。水无色透明，可透过太阳光中的可见光和波长较长的紫外线，使光合作用所需的光能能够到达水面以下的一定深度，而对生物体有害的短波紫外线被阻挡在外。水的这些特性在地球上生命的产生和进化过程中起着关键性的作用，对生活在水中的各种生物也具有重要意义。

水是一种极好的溶剂，为生命过程中营养物和废弃物的传输提供了最基本的媒介。在所有的液体中水的介电常数最高，大多数离子化合物能够在其中溶解并发生最大程度的电离，对营养物质的吸收和生物体内各类生化反应的进行具有重要意义。

水的比热是所有的液体和固体中最大的，并且水的蒸发热也很高。这种高比热、高蒸发热的特性，使地球上的海洋、湖泊、河流等水体白天吸收到达地表的太阳光的热量，夜晚又释放到大气中，避免了剧烈的温度变化，使地表温度长期保持在一个相对恒定的范围内。

水在 4℃时密度最大，这一特性在水体温度分布和垂直循环中起着重要控制作用。冰轻于水的特性同样对水下生物的生存具有重要作用。

地球上水的总量大约有 13.86 亿 km^3，其中 97.5%以上为咸水，淡水量仅占 2.5%，而大部分淡水是人类难以利用的两极冰盖、高山冰川和永冻地带的冰雪。人类真正能够利用的是江河湖泊及地下水中的一部分，仅占地球总水量的 0.325%，而且分布不均。

我国水资源有：地表水年径流量大约 27 115 亿 m^3，浅层地下水储量大约 8 288 亿 m^3，冰山每年融化水量大约 500 亿 m^3，扣除三者重叠部分，我国总的水资源大约有 28 124 亿 m^3。虽然居世界第六位，但是按照人口平均计算，我国人均水资源量仅有 2 350 m^3，只有世界人均占有量的 1/4。我国水资源空间分布很不均匀，长江流域以北的淮河、黄河、海滦河、辽河、黑龙江（中国境内）五个流域水资源量仅占全国总量的 14.4%，而人口却占全国总量的 43.5%，这五个流域的人均水资源占有量接近于 900 m^3。

当一个地区的需水量大于水资源的供水能力时，会出现缺水现象，称为“水荒”。受气候条件的影响，水资源分布不均，冰岛、厄瓜多尔、印度等国家较丰富，而北非和中东地区（如沙特、埃及等国家）水资源缺乏。根据资料统计，全世界有 15 个国家严重缺水，其人均水资源占有量都在 1 000 m^3 以下。另外还有 18 个国家的人均水资源占有量不足 2 000 m^3，如果遇到降水少的年份，这些国家也会出现较严重的缺水局面。

我国也是缺水国家。全国 669 座城市中有 400 座存在供水不足问题，其中严重缺水的城市 110 座；在 32 个百万人口以上的特大城市中，有 30 个长期受缺水困扰。在 46 个重点城市中，45.6%水质较差，14 个沿海开放城市中有 9 个严重缺水。北京、天津、青岛、大连等城市缺水最为严重；农村还有近 3 亿人口饮水不安全。沿海城市人口增长、工业生产的快速增长和对污水排放治理的监督滞后及水资源的过量开发对海洋环境和淡水资源的供应构成威胁。从全国水资源的开发利用情况来看，空间结构存在着很大的不平衡。南方多水地区利用程度较低，长江只有 14%，珠江只有 13%，西南诸河则不到 1%；而北方少水地区的利用程度就较高，黄河为 41%，淮河为 32%，海河为 61%，辽河为 52%。我国黄淮海平原、辽河中下游、山西能源基地、四川盆地等为重点缺水地区。

2．近代人类对水圈的影响

兴修水库：兴建大型水库，拦河取水，灌溉农田。水库已成为一种可靠的水源。但它也常常产生一些不良的生态效应。

大量开采地下水：过度开采造成了严重的环境问题，如地下水位大幅度下降乃至含水层枯竭、地面下沉、海水倒灌等。

小河流渠道化：把整条小河流取直、加宽、加深，有利于排水防洪，但可能对水生生态带来灾难性影响。

对湖泊的侵袭：如围湖造田等造成湖泊的泯灭，即湖泊干涸、泥沙侵蚀、湖泊沼泽化。

五、人类与土壤圈

土壤是地球陆地上能供植物生长与繁殖的疏松表层，覆盖在岩石圈之上。土壤圈的厚度在几厘米到几米之间，个别地方可达到几十米。

土壤是由岩石演化而来的，与岩石不同，其具有肥力，能够提供和调节水、气、热和营养元素。有了土壤圈，地球上才有广阔的森林、草原和农田，人类才能够获得宝贵的生产和生活资源。

人类对土壤圈的影响包括荒漠化、水土流失、盐渍化和水涝，以及土壤污染等方面。盐渍化是大水漫灌而不排水形成的；水涝即沼泽化，是由于地表水分过多而形成的。盐渍化和水涝使世界粮食每年减产 1%。

六、人类与岩石圈

地球的内部结构圈层如图 1-1 所示。岩石圈位于土壤圈下，是地球内部圈层的最外层，平均厚度为 33～35 km。其向人类提供丰富的化石燃料和矿物原料。

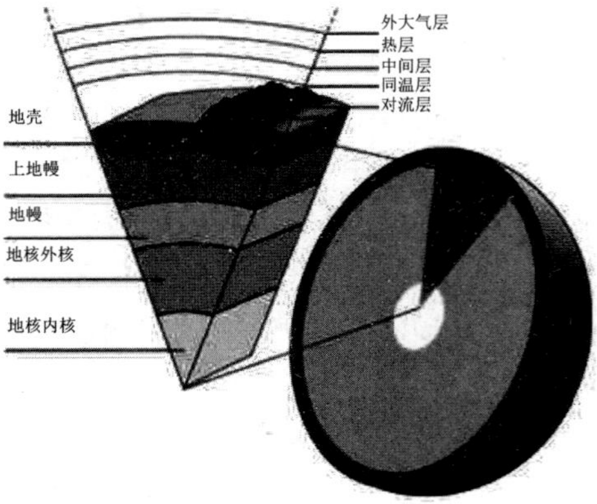

图 1-1　地球的内部结构圈层

1．化石燃料

化石燃料主要是指煤炭、石油和核裂变的原料——铀矿。

进入 20 世纪以后，煤炭作为燃料占了主导地位。从 1920 年起石油开采量大量增加，从 1929—1971 年，世界煤炭产量增长了 70%，而同期石油产量增长了 10 倍。化石燃料是不可再生能源，为了维持人类的可持续发展，必须尽快转变为使用可再生能源。

2．矿物原料

矿物原料包括各类金属矿和非金属矿。

人类利用矿物原料的历史不算长，在公元前 6000 年人类首次学会从矿石中提取金属，进入青铜时代。公元前 1600 年学会炼铁，公元 1709 年英国人发明了用焦炭炼铁，钢铁成为现代工业的基础。

人类对矿物资源的利用呈指数增长。其开采量增长可观。岩石圈中矿物原料的储量巨大，由于需求与日俱增，传统原料行将耗竭，已经关系到人类未来的生存和发展。而且人类利用岩石圈的矿物已对岩石圈的结构和整个地球环境造成了严重的影响。

七、人类与生物圈

生物圈是指地球上有生命活动的领域及其居住环境的整体。由于这个环境里有空气、水、土壤且能够维持生物的生命，习惯上把地球上凡是有生命的地方称为生物圈。

生物圈一般包括岩石的上部、水圈和大气圈的下部。其范围一般认为是从地球表面不到 11 km 的深度（太平洋最深处）至地面以上不到 9 km 的高度（珠穆朗玛峰顶）的范围。污染物对环境的影响主要在生物圈内。

生物圈的历史大约有 30 亿年。人类与生物圈的关系可以通过人体所包含的化学组成同生物圈中各成分的化学组成的对比来反映，见表 1-1。化学元素不仅是构成人体的基本物质，在人体的生长、发育、疾病、死亡中起着十分重要的作用。化学元素是把人和环境联系起来的基本因素。从表 1-1 可以看出，环境成分的主要化学组成与标准人体的主要化学组成不同，而不同的环境成分其化学组成也相异。尽管如此，还是可以看到一些相似处，如地壳和土壤的平均化学组成很相近；生物物质的化学组成与人体的组成很相近，主要由氧、碳、氢、氮组成。

表 1-1　人体和各环境成分的主要化学组成（质量百分比）

元素	环境成分					标准人体
	地壳	土壤	海水	大气	生物物质*	
H（氢）	—	—	10.72		10.5	10
C（碳）	0.023	2	0.003		18	18
O（氧）	47.0	49	85.94	23.15	70	65
N（氮）	0.001 9	0.1		75.51	0.3	3
K（钾）	2.5	1.36	0.04		0.3	0.2
Na（钠）	2.5	0.63	1.077		0.002	0.65
Ca（钙）	2.96	1.37	0.04		0.5	1.5
Mg（镁）	1.87	0.63	0.13		0.04	0.05
S（硫）	0.047	0.05	0.09		0.05	0.25
P（磷）	0.093	0.08			0.07	1.0
Cl（氯）	0.001 7	0.01	1.94		0.02	0.15
Si（硅）	29.0	33			0.2	
Al（铝）	8.05	7.13			0.005	0.001
Fe（铁）	4.65	3.8			0.01	0.005 7
Ar（氩）	—	—				
合计	98.696 6	99.26	99.98	99.94	99.997	99.806 7

其中“生物物质”由 6 000 种以上动物和植物化学分析的基础上获得数据。

第二节 生态系统

一、生态系统的基本概念

1. 生态系统

生物群体与大气、水、土壤、岩石、化学物质等非生物环境之间密切相关，相互进行着物质和能量的交换。这种生物群落与非生物环境构成的相对稳定的统一整体就叫做生态系统。

生态系统是一个广泛的概念，可大到整个宇宙，也可小到只含有几个细胞的一滴水。地球上最大的生态系统是生物圈，最为复杂的生态系统是热带雨林生态系统。有些学者根据生态系统的范围，将生态系统分为：① 小生态系统，诸如小簇菌之类；② 中生态系统，诸如森林、草原等；③ 大生态系统，诸如海洋。

2. 生态系统的三大共同特性

任何生态系统都有以下三个共同特性：具有能量流动、物质循环和信息传递三大功能；具有自我调节能力；属于一种动态系统。

3. 生态系统的组成、结构和类型

生态系统包括下列六种组分：

（1）无机物。

（2）有机化合物。

（3）气候因素：温度、湿度、风、雨等。

（4）生产者：能够进行光合作用的各种绿色植物、蓝绿藻和某些细菌。又称为自养生物。

（5）消费者：指以其他生物为食的各种动物。

（6）分解者：指细菌、真菌、原生动物、蚯蚓和秃鹫等食腐动物。分解者和消费者都是异养生物。

这些组分可分为生物成分和非生物成分两大类，前三种是非生物组分，而后三种是生物组分。

根据地理条件的不同，生态系统还可以划分为水生生态系统和陆地生态系统。水生生态系统又可细分为海洋生态系统、淡水生态系统。陆地生态系统又可划分为森林、草原、荒漠、高山、冻原等生态系统。

4. 食物链和食物网

各种生物之间存在着取食和被取食的关系，这就是食物链。通过食物链，实现能量在生态系统内传递。

许多食物链互相交叉，形成一张无形的网络，把许许多多生物包括在内，这种复杂的捕食关系就是食物网。显然，食物网越复杂，生态系统越稳定；食物网越简单，则生态系统越不稳定。

5．营养级和生态金字塔

某个营养级就是食物链某个环节上一切生物物种的总和。整个生态系统的各种营养级按从低级到高级依次叠放构成生态金字塔，如图 1-2 所示。一般说来，下面营养级所储存的能量只有大约 10%能够被其上一营养级所利用，其余大部分能量被消耗在该营养级的呼吸作用上，以热量的形式释放到大气中去。这就是生态学上的 10%定律。

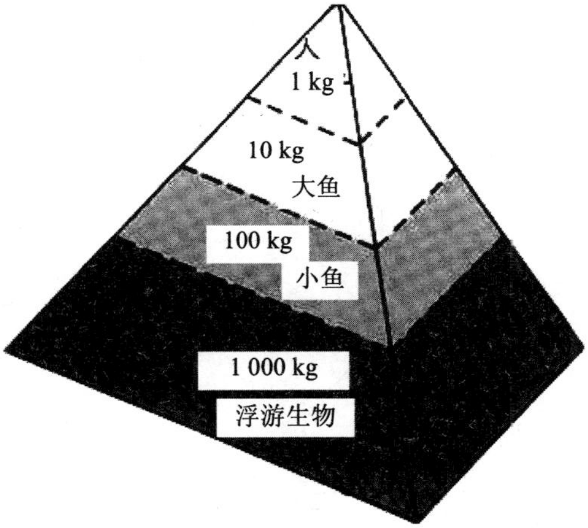

图 1-2　生态金字塔

6．生态系统的功能

生态系统具有三大功能：能量流动、物质循环、信息传递。

（1）能量流动。能量输入的根本来源是太阳能。

生态系统中的能量流动都是按照热力学第一定律和第二定律进行的。

（2）物质循环。在生态系统中，存在着物质循环，其中碳、氮、硫、磷的循环对生命活动起着重要作用。

生态系统中碳的循环见图 1-3、氮的循环见图 1-4、硫的循环见图 1-5、磷的循环见图 1-6。

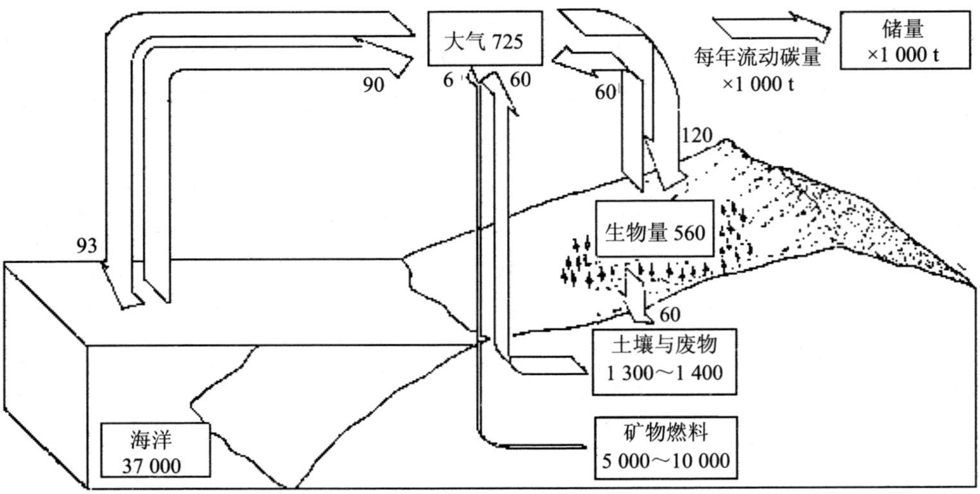

图 1-3 生态系统中碳循环过程

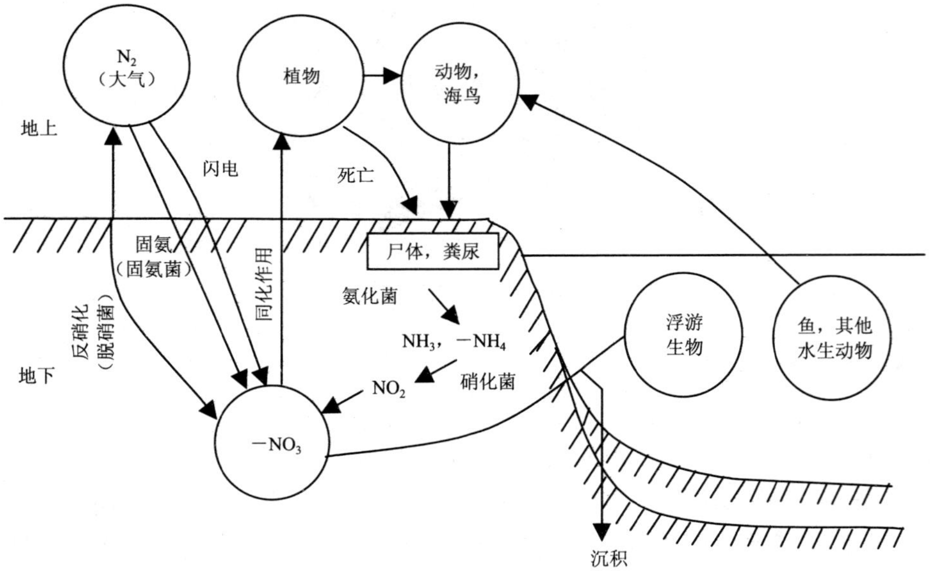

图 1-4 生态系统中氮的循环

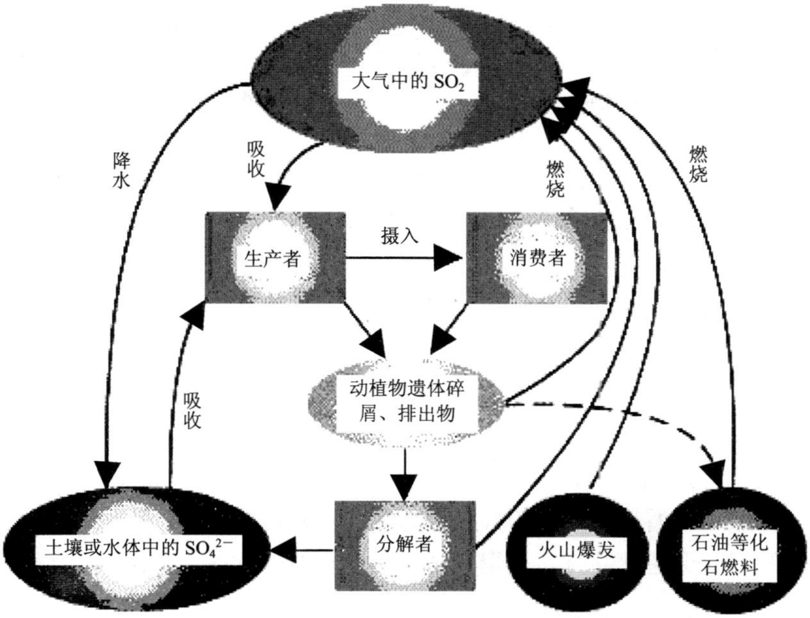

图 1-5　生态系统中硫的循环

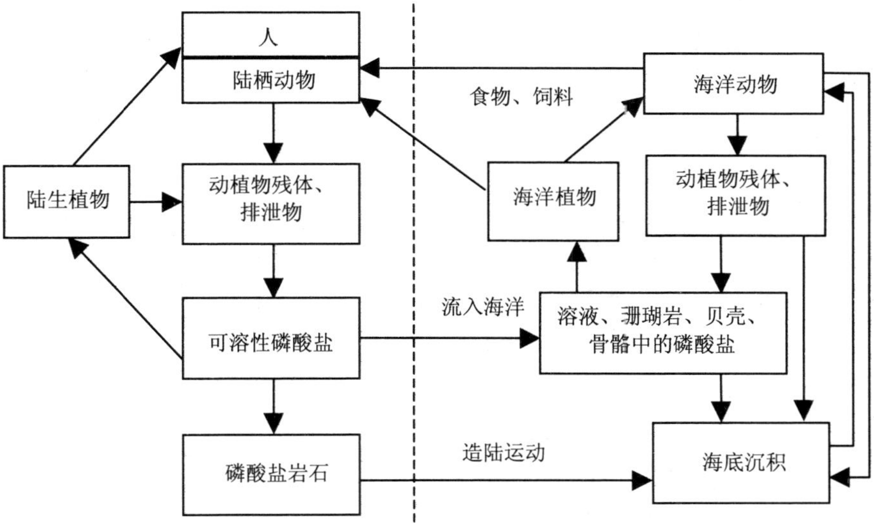

图 1-6　生态系统中磷的循环

（3）信息传递。生态系统中的信息主要有四种。

① 物理信息：生态系统中的光、声、湿度、温度、磁力等，通过物理过程传递的信息，称为物理信息。

② 化学信息：生物在生命活动过程中，产生一些可以传递信息的化学物质，如植物的生物碱、有机酸等代谢产物，以及动物的性外激素等，就是化学信息。

化学信息主要是生命活动的代谢产物以及性外激素等，有种内信息素（外激素）和种间信息素（异种外激素）之分。种间信息素主要是次生代谢物（如生物碱、萜类、黄酮类）以及各种苷类、芳香族化合物等。

③ 营养信息：营养状况和环境中食物的改变会引起生物在生理、生化和行为上的变化，这种变化所产生的信息称为营养信息。如被捕食者的体重、肥瘦、数量等是捕食者的取食依据。

④ 行为信息：动植物的许多特殊行为都可以传递某种信息，这种行为通常被称为行为信息。如教材中所述，蜜蜂的舞蹈行为就是一种行为信息。草原中有一种鸟，当雄鸟发现危险时就会急速起飞，并扇动两翼，给在孵卵的雌鸟发出逃避的信息。

二、生态平衡及其破坏

生态系统并不静止，而是处于不断地变化发展之中。但在一定时期内，系统内生产者、消费者和分解者之间保持着一种动态平衡，系统内的能量流动和物质平衡在较长时期内保持稳定。系统的基本特点没有改变，当有外界干扰时能自行校正以维持平衡。这种状态就叫做生态平衡。

生态系统之所以能够保持这种平衡主要是由于其内部具有自动调节能力。对于污染物来说，就是环境具有自净能力。某生态系统内出现了机能异常，就可以被不同部分调节所抵消。但生物系统的自我调节能力有一定限度，当外界对系统的干扰超过此限度时，系统调节失效，系统遭到瓦解，这就是生态平衡的破坏。

影响生态平衡的因素既有自然的，也有人为的。自然因素如火山、地震、海啸、台风、林火、泥石流和水旱灾害等，常常在短期内使生态系统破坏或毁灭。受破坏的生态系统在一定时期内有可能自然恢复或更新。人为因素包括人类有意识“改造自然”的行动和无意识造成对生态系统的破坏。所谓的“生态危机”大多是指人类活动引起的此类生态失调。生态平衡的破坏往往出自人类的贪欲与无知，过分地向自然索取，或对生态系统的复杂机理知之甚少而贸然采取行动。

第三节 人口问题

一、世界人口发展情况

1. 人口与人口过程

人口是生活在特定社会、特定地域，具有一定数量和质量，并在自然环境和社会环境中通过各种自然因素和社会因素组成的复杂关系的人的总称。

人口过程是人口在时空上的发展和演变过程，大致包括自然变动、机械变动和社会变动。人口自然变动是指人口的出生和死亡，变动的结果是人口数量的增加和减少；人口机械变动是指人口在空间上的变化，即人口的迁入与迁出，变化的结果是人口数量在空间上发生人口分布和人口密度的改变；社会变动是指人口社会结构的改变（如职业结构、民族结构、文化结构和产业结构等）。人口过程反映了人口与社会、人口与环境的相互关系。

反映人口过程的自然变动指标是人口出生率、死亡率和自然增长率。人口自然增长率同出生率和死亡率的关系是：自然增长率＝出生率－死亡率。

2. 世界人口发展状况

（1）世界人口发展的历程大致经历了三个历史阶段。

第一阶段：高出生率、高死亡率、低增长率阶段。自从人类诞生以来，直到工业革命以前，世界人口发展绝大部分处于这个阶段。在这段漫长的时期内，世界人口总数很少，但平均每 1 000 年增长 20‰，是现在增长率的 1/1 000。

第二阶段：高出生率、低死亡率、高增长率阶段。工业革命之后人类社会的生产力水平迅速提高，人们生活和医疗水平也有显著改善，世界人口显著增加，至公元 1 600 年人口达到 5 亿，公元 1800 年人口达 10 亿。

第三阶段：低出生率、低死亡率和低增长率阶段。由于种种原因，欧美发达国家中人口的自然增长率呈现了下降的趋势，有一些国家出现人口负增长现象，但发展中国家的人口依然继续增长，全球人口增长速度开始减缓，但全世界每年仍然能够增加近 1 亿人口。

（2）世界人口增长特点。

① 随着经济的发展而有所不同。发达国家人口出生率下降，而发展中国家人口猛增。

② 年龄结构两极分化。发达国家面临人口老龄化问题，而发展中国家年轻人口偏多。

③ 城市人口急剧膨胀。工业革命以来，达到百万人口规模的城市 1800 年全世界只有伦敦，1850 年有 4 座城市，1900 年有 16 座城市，1950 年有 115 座城市，2020 年达到 532 座城市。截至 2020 年年底，仅中国百万人口规模的城市就达到 130 座。

（3）世界人口预测。

根据《2023 年世界发展报告》显示，人口从 1950 年的 25 亿增长到 2022 年的 80 亿，到 2050 年的 97 亿——将主要发生在中低收入国家。与此同时，高收入国家的人口正在趋于稳定，而中上收入国家的人口也在开始萎缩。尽管整个世界正在迅速老化，但低收入国家在整个世纪都将保持年轻。

据预测，在全球范围内，65 岁以上的人口数量已经超过 5 岁以下儿童的数量。到 2050 年，65 岁以上的人数将是 5 岁以下儿童人数的两倍，甚至将超过 15～24 岁的人数。65 岁以上人群的比例（到 2022 年已经达到 19%的历史高点）预计将进一步增长，到 21 世纪中叶将达到 29%。

直到 22 世纪初世界人口才能达到稳定值。

二、中国人口发展情况

中国是世界上人口最多的国家，2008 年末中国内地人口 13.28 亿，占世界人口的 20%、亚洲人口的 33%。

中国人口总量的发展过程划分为以下几个阶段。

1．第一个人口高增长阶段（1949—1957 年）

1949 年，全国人口出生率为 36‰，死亡率为 20‰，自然增长率为 16‰，年底全国总人口为 5.42 亿；到 1957 年，死亡率下降到了 10.8‰，而自然增长率上升为 23.2‰，总人口达到 6.47 亿；1949—1957 年，人口净增 1.05 亿。这是新中国成立以后出现的“第一次人口生育高峰”。

2．人口低增长阶段（1958—1961 年）

1959—1961 年，连续三年的自然灾害，使经济发展出现了波折，人民生活水平受到影响，致使人口死亡率突增，出生率锐减。1959 年人口死亡率上升到了 14.6‰，1960 年进一步上升到 25.4‰，而人口出生率只有 20.9‰，人口自然增长率大幅度下降，其中 1960 年、1961 年连续两年人口出现负增长。

3．第二个人口高增长阶段（1962—1970 年）

三年自然灾害过后，人口死亡率开始大幅度下降，强烈的补偿性生育使人口出生率迅速回升，一直持续到 20 世纪 70 年代初。这一时期，人口出生率最高达到 43.6‰，平均水平在 36.8‰；人口死亡率重新下降到 10‰以下，并逐年稳步下降，1970 年降到 7.6‰。出生率的上升和死亡率的下降，使这一阶段的人口年平均自然增长率达到 27.5‰，年平均出生人口达到 2 688 万人，8 年净增人口 1.57 亿，这是新中国成立以后出现的“第二次人口生育高峰”。

4. 人口有控制增长阶段（1971—1980 年）

20 世纪 70 年代后期，是中国人口发展出现根本性转变的时期。人口出生率和自然增长率迅速下降，分别由 1971 年的 30.7‰和 23.4‰下降到 1980 年的 18.2‰和 11.9‰。然而，由于总人口基数庞大，这一阶段中国人口净增的绝对数仍相当可观。1971—1980 年，全国总人口由 8.52 亿增加到 9.87 亿，净增 1.35 亿，超过了第一次生育高峰时期的净增人口。

5. 第三个人口高增长阶段（1981—1990 年）

进入 20 世纪 80 年代后，计划生育被确定为一项基本国策，控制人口增长的措施更加严格。但由于 60 年代初“第二次人口生育高峰”中出生的人口陆续进入生育年龄，加之 20 世纪 80 年代初婚姻法的修改造成许多不到晚婚年龄的人口提前进入婚育行列，使得人口出生率出现回升。人口出生率由 1980 年的 18.2‰、1981 年的 20.9‰，达到 1987 年 23.3‰的峰值。1981—1990 年净增 1.43 亿，平均年增长人口 1 584 万，1990 年总人口达到 11.43 亿。这是新中国成立以后出现的“第三次人口生育高峰”。

6. 人口平稳增长阶段（1991 年至今）

进入 20 世纪 90 年代后，80 年代人口的高出生率得到控制，并持续稳步下降。1991 年人口出生率为 19.7‰，2008 年降至 12.1‰，13 年下降了 7.6‰，并一直稳定在低水平上。1998 年人口自然增长率首次降到 10‰以下，从 2000 年开始，年净增人口低于 1 000 万，中国人口进入平稳增长阶段。

目前，中国人口已经达到 14.1 亿，但从 2022 年开始中国人口已连续两年出现负增长。老龄化、少子化的加速到来，是目前我国人口面临的主要问题。社会已经开始高度关注中国的人口问题，政策也逐渐向鼓励生育转变，通过优化人口发展战略，建立生育支持政策体系，降低生育、养育、教育成本来积极应对人口老龄化。

三、人口增长对资源与环境的压力

人类活动必然引起自然环境的变化，而且随着人口的增长，必然要大量开发和利用土地、森林、草原、水资源、能源和矿产等各种资源，导致环境资源的开发与利用处于一种超负荷状态。但是地球上的资源是有限的，特别是一些不可再生资源受人口增长的压力更大。一切生物赖以生存的能量来自太阳，包括所有的地下能源，如石油、煤都是远古时期太阳能的储存形式。而地球接受太阳光的面积是有限的，经光合作用而被绿色植物所固定的太阳能也是有限的。据资料显示，全球绿色植物的净生产能力每年为1 000亿～3 000亿t，其中只有1%的植物能被人食用，同时食用植物的不仅仅只有人类，还有许多植食性动物。这样的情况表明，地球最多只能养活80亿～150亿人，而不可能容纳无限多的人口。如果不及时有效控制人口增长，人类可持续发展的理想很可能难以实现。

世界人口正在以前所未有的速度增长。联合国预测，到2050年，全世界总人口将从现在的80亿增加到97亿。人类赖以生存的这个星球需要养活90多亿人，这就意味着对食品、水、燃料的需求也将增加。

过去 50 年间世界人口的持续增长和经济活动的不断扩展对地球生态系统造成了巨大压力。人类活动已给地球上60%的草地、森林、农耕地、河流和湖泊带来了消极影响。近几十年，地球上1/5的珊瑚和1/3的红树林遭到破坏，动物和植物多样性迅速降低，1/3的物种濒临灭绝。现在，气候变化正在破坏耕地、减少水源，这样的人口增幅不可维持。

受全球人口不断增长的影响，人类所排放的污染物数量将更大，对环境所造成的影响也将更大。

在我国，人口增长对环境资源产生的影响主要体现在以下几个方面。

（1）人口急剧增长，耕地不断减少。中国人口数量占世界总人口的 21.5%，但中国耕地面积仅占世界总耕地面积的7%，人均占有耕地资源少。这必然会加大土地利用强度，对土地施加更大的压力。需要指出的是，在一定的技术发展水平下，土地的持续生产能力也有一定的限度。中国现在的复种指数，在全世界是最高的。对土地压力的无限制增大，使其生态平衡变得很脆弱，其后果是显而易见的：生态平衡失调，水土流失加重、土地沙漠化蔓延、土层日见瘠薄、土壤肥力递减。更严重的是随之而来的自然灾害频繁发生。掠夺性地开发自然资源，必然会遭到自然界的报复。

（2）人口增长使森林资源承受过重的需求压力。中国人均占有的林木蓄积量很低，为了满足人口增长和经济建设的需要，长期以来采伐量居高不下，加之采取的“由近及远”的不合理的集中采伐方式，已造成开发林严重过伐，资源枯损。只重视和追求森林资源的物质性经济价值，忽视森林生态性的功能价值将导致一系列严重的环境、社会和经济后果。

（3）庞大的人口对矿产资源造成沉重的压力。中国矿产资源总量虽然很丰富，但人均量很少，在总体上，矿产资源人均占有量不足世界平均水平的一半，居世界第53位。在人均矿产消费较低的情况下，由于人口基数大，已使中国在很低的发展水平上就成为一个矿产消费大国。这种对矿产资源的沉重需求压力，不仅造成资源供给的长期紧张局面，也诱发出严重的生态环境问题。

（4）人口激增对水资源施加了更大压力。人口增加，相当于人均水资源占有量减少。同时，随着人民生活水平的提高，城市人口的膨胀和经济发展，人均用水量、生活用水量和生产用水量大大增加，导致大范围的缺水现象。

（5）人口增长直接导致能源需求量的增长，对环境的压力也随之增大。我国能源结构以煤为主，逐年增长的能源消耗大大地超过了生产供给能力。同时，使得中国目前严重的煤烟型大气污染加剧。

综上所述，人口急剧膨胀对环境的冲击可表现在两个方面：一方面是生态系统的良性循环受到干扰和破坏；另一方面是环境污染加剧。

人类生产、生活活动所排放的大量废弃物可造成严重的环境污染。通过生产、加工、炼制、燃烧等过程向大气、水体、土壤排出大量的污染物，恶化了人类赖以生存的环境，影响了全球气候的变化。随着人口激增、生活污染物（废水、废气、垃圾、粪便等）排放量相应激增，环境质量自然也直线下降。这个问题在人口密集的城镇区域就显得更为突出。

第二章　自然资源

第一节　概　述

自然资源是指人类可以直接从自然界获得并用于生产和生活的物质，是自然环境的重要组成部分。自然资源一般是指天然存在的自然物，不包括人类加工制造的原材料。自然界的任何部分，包括土壤、水、森林、草原、野生动植物、矿产，凡是人们可以利用来改善自己的生产和生活状况的物质都可以称为自然资源。1972年，联合国环境规划署对自然环境资源一词解释为："在一定时间条件下，能够产生经济价值、提高人类当前和未来福利的自然环境因素的总称。"自然资源主要包括土地资源、水资源、气候资源、生物资源和矿产资源等。

1．自然资源的分类

自然资源的分类方法很多，按照自然资源产生的来源和可利用性，可以将自然资源分为非耗竭性资源和耗竭性资源两大类（图2-1）。

（1）非耗竭性资源。又称为原生性或无限资源，指取之不尽、用之不竭的资源，如太阳能、潮汐能、风能等。这类资源随着地球的形成及其运动而存在，基本上是持续稳定，但人类活动可以直接或间接的影响它们，例如太阳能的数量和质量与大气污染状况有关。

（2）耗竭性资源。又称为次生性或有限资源。这类资源在地球演化过程中的特定阶段形成，质与量有限定，空间分布不均匀。按照是否可以更新的特点，有限资源可以分为可更新资源和不可更新资源两大类。

① 可更新资源：主要是指那些被人类开发利用后，能够依靠生态系统自身的运行能力得到恢复或再生的资源，如水、土地、动植物、微生物等。只要消耗速度小于它们的恢复速度，这些资源从理论上讲可以永续利用，但可更新资源的恢复速度不同。

② 不可更新资源：一般指那些被人类开发利用后逐渐减少以致枯竭，不能再生的自然资源，如各种金属矿、煤、石油等。这些矿物由古代生物或非生物经过漫长的地质年代而形成，因而它们的储量是固定的，一旦被用尽，就没有办法再补充。

对这类资源应当合理地综合利用，减少损耗和浪费。

- 自然资源
  - 耗竭性资源
    - 可更新性（再生）资源
      - 土地资源
      - 森林资源
      - 水资源
      - 作物资源
      - 牧场和饲料资源
      - 野生及家养动物资源
      - 水产渔业资源
      - 遗传资源
    - 不可更新性（不可再生）资源
      - 矿产资源
      - 化石燃料资源
  - 非耗竭性资源
    - 恒定性资源
      - 太阳能
      - 潮汐能
      - 降水
      - 风能
    - 易误用及污染的资源
      - 大气
      - 水能
      - 江河湖海中的水资源
      - 广泛的自然风光

图 2-1　自然资源的分类系统

2．自然资源的特性

（1）稀缺性。在一定的时间和空间内，自然资源可供人类开发利用的数量有限。当人类对其开发利用超过资源更新能力时，就会导致资源量的逐渐枯竭。不可更新资源的稀缺性是很明显的，而可更新资源由于自然再生、补充能力有限，同样具有稀缺性。即使像太阳能、风能等无限资源，似乎取之不尽，用之不竭，也同样具有稀缺性。原因在于一方面科学技术的水平制约了人类对这些资源的有限利用；另一方面，地球在一定时间内接受、产生这些资源的量是一定的。

（2）区域性。自然资源不是均匀地分布在任意空间范围，它们总是相对集中于某一区域，而且其结构、数量、质量和特性都有显著不同。例如，中国的煤、石油和天然气等能源资源主要分布在北方，而南方则蕴涵丰富的水资源。

（3）整体性。自然资源本身是一个庞大的生态系统。自然资源中的水资源、土地资源、矿产资源、森林资源、海洋资源和草原资源等在生态系统中既相互联系，又相互制约，共同构成了一个有机的统一体，人类活动对其中任何一个组分的干扰都可能引起其他组分的连锁反应，并导致整个系统结构的变化。例如，森林资源的破坏会造成水土流失，从而引起河流泛滥，最终导致农业、渔业等的减产。

因此，对于不同的自然资源，应采取不同的保护对策，进行资源的合理开发与利用。对可更新资源要积极保护和促进再生增殖能力，使之持续发展和永续利用；对不可更新资源应坚持综合勘察、综合开采、综合利用和经济节约的原则，最充分地挖掘潜力，最大限度地加以利用。

第二节 水资源

人类居住的地球有“水球”之称。在地球表面，海洋面积占 71%，而陆地面积仅占 29%。据统计，在地球水体总量中，含盐量低于 1 g/L 的淡水仅占约 2.5%，其余约 97.5%均为咸水。在淡水储量中，有 68.7%覆盖在两极地带和高山冰川中；有 30.9%蓄积在地下含水层和永久冻土层中；只有 0.4%容纳在河流，湖泊和土壤之中，是比较容易开发利用的淡水资源。

水是生命之源，是人类赖以生存和发展的重要条件，人类的生存发展一时一刻也离不了水，水资源的可持续利用是人类永恒的话题。

一、全球水资源现状

全球陆地的年平均河川径流量约为 46.8 万亿 m^3，其中稳定径流量仅为 14 万亿 m^3，但却有 5 万亿 m^3 流经沙漠而无法利用，实际可利用的河川径流量仅为 9 万亿 m^3，占河川径流量的 19%。地球上的水只有 2.5%适宜饮用，而且水资源分布的极为不均衡。

世界资源研究所发布的一份报告称，当前全球 1/4 的人口正面临“水资源极度紧缺”危机。全球人均拥有 7 500 m^3 的水，欧洲人均拥有水量为 4 700 m^3，亚洲的该指标为 3 400 m^3。据联合国评估，目前每年的淡水缺口为 2 300 亿 m^3，再过 1/4 个世纪，2/3 的地球人将遭遇水资源不足的问题。到 2030 年，全球淡水供应将短缺 40%。

水资源不足使全球每年有近 600 万 hm^2 的土地变成荒漠。导致卫生条件低下，世界上每天大约有 6 000 人因此而丧生。在逾 20%的陆地上，人类活动已经超出了自然生态系统的负荷。

另一方面，水质也在不断恶化。每年，大量的工业废液和生活污水污染江河湖海，使有限的淡水资源日趋减少。据统计，全世界每年排向自然水体的工业和生活废水达 4 200 亿 m^3，使 35%以上的淡水资源受到不同程度的污染。酸雨在很多国家频频出现。如果水污染势头得不到遏制，水也许会变成不可再生资源。

水资源严重短缺和匮乏已经引起世人的关注。联合国早在 1978 年就成立了水机制秘书处。1993 年起，联合国将每年的 3 月 22 日确定为世界水日。2003 年定为国际淡水年。2005—2015 年启动生命之水十年计划。这一计划的目标是将生活在饮用水匮乏条件下的人数减少一半。水是没有国界的，无论我们生活在上游还是下游，我们都同在一条船上。然而，日益严重的水资源短缺问题的凸显，已经给世人敲响了警钟。珍惜水资源，保护水资源，已是当务之急。

二、我国水资源现状

我国地域辽阔，江河，湖泊众多。我国的淡水资源总量为 28 000 亿 m^3，占全球水资源的 6%，仅次于巴西、俄罗斯和加拿大，居世界第四位。但是我国人口基数和耕地面积基数庞大，人均占有水资源量仅为 2 300 m^3，仅相当于世界人均占有量的 1/4，美国的 1/5，加拿大的 1/48，排在世界第 121 位，并被列为 13 个贫水国家之一。根据联合国用水标准，人均水资源拥有量低于 1 700 m^3 的为用水紧张国家，低于 500 m^3 的为缺水国家，且我国南北水资源分配极不平衡，北方缺水严重，一些地方已经在 500 m^3 以下，最少的甚至低于 200 m^3，已经成为缺水严重的地区。资料显示，目前我国有 400 多个城市缺水，110 个城市严重缺水。到 2030 年我国需水量接近水资源可开发利用量，加上时空分布不均，缺水问题将更加突出。

我国水资源在空间分布上表现为南多北少，东多西少，而且地区分布不均匀。长江流域及其以南地区国土面积占全国的 37%、人口占全国人口的 54%，而水资源却占全国总水资源的 81%；淮河流域及其以北地区包括西北地区，国土面积是全国的 63%、人口占全国人口的 46%，但水资源量仅仅是全国的 19%。此外，我国水资源在时间分配上也很不均匀。我国大部分地区受季风影响明显，降水年内分配不均匀，年际变化大。我国长江以南地区由南往北雨季为 3～6 月至 4～7 月，降水量占全年的 50%～60%。长江以北地区雨季为 6～9 月，降水量占全年的 70%～80%。我国南部地区最大年降水量一般是最小年降水量的 2～4 倍，北部地区则为 3～6 倍。

三、我国区域性缺水特点

（1）北方资源型缺水。中国的北方常年遭遇干旱，资源型缺水日益严重。

（2）南方水质型缺水。南方地区由于不注意污水的处理，把未经处理的污水大量排到天然河道，污染了水体，影响了水资源的有效性，造成有水不能用，形成了水质型缺水的严重状况。

（3）中西部工程型缺水。受大陆季风气候的影响，中国水资源在季节上分布极不均匀，总是连枯连涝。时间上不均匀的水资源变化需要由水库来调节。新中国成立以来，我国兴建了大量水库，但由于水源工程建设投资额大，投资回报率不高，难以吸引更多建设资金。这种由工程滞后原因造成的工程型缺水在中部和西部地区尤其明显。

四、我国水资源当前面临的主要问题

（1）水资源开发过度，生态破坏严重。

（2）城市供水集中，供需矛盾尖锐。

（3）地下水过量开采，环境地质问题突出。

（4）水资源污染严重，水环境日益恶化。

（5）水资源开发利用缺乏统筹规划和有效管理。

第三节 土地资源

土地资源是陆地的表层部分，由岩石、岩石风化物和土壤构成。

土地是人类栖息和生物生存的主要空间。土地具有生产性，由一定光、热、水因子形成的气候条件和土壤条件使土地能支持生物活动，生产一定的生物量。其中，土壤是土地生产力的基础，是生物圈的生命维持系统之一，也是人类衣食的主要来源。因此土壤是土地资源的主要构成因素。

土地资源利用类型一般分为耕地、林地、牧地、水域、城镇居民用地、交通用地、其他用地（渠道、工矿、盐场等）以及冰川和永久积雪、石山、高寒荒漠、戈壁沙漠等。

一、全球土地资源现状

地球表面积约 5.1 亿 km^2，陆地只占 29%，总面积不到 1.5 亿 km^2。陆地本身是一个极其复杂的生态系统，按植被类型对陆地进行的分类表明，陆地上 20%是沙漠和干旱地区，20%为冰川、永久冻土和苔原，20%是不宜开垦的山地；在其余 40%的土地中，还有 10%的土地因土质不好，任何作物都不能生长，也就是说，全球陆地只有 30%左右可以耕种。并且，在可以耕种的土地中大约只有一半是实际耕种的，其余大部分是牧场、草原和森林。

地球的土地面积是有限的，并且有相当一部分不适于耕作或栖息。海平面以上的土地大约有 70%被称为严峻的环境，没有居民或者居民很少，人类很难在这类地区长期居住。其余地区，特别是海拔低、地势平缓、亚热带或温带气候、自然条件有利于居住的地区，才是人类主要的栖息地。世界上有一半人口集中在这 5%的土地上，其中主要包括世界最富饶的河流冲积平原和沿海平原。这些适于人类栖息的土地也正是人群居住用地，也是工业交通用地，农、林、牧业用地以及自然生态系统和生物栖息用地相互交错争夺的地域。总的发展趋势是自然生态系统和生物栖息地

不断被排挤，农、林、牧业用地也趋于缩减，而城市的工业占地和交通网占地则日趋扩大。但是，为保全生物圈基本结构的稳定，人类又必须保留一定的自然生态系统用地，这就使土地资源越发紧张，越来越显得不足。

二、我国土地资源现状

我国土地面积为 960 万 km^2，占世界陆地面积的 6.5%，仅次于俄罗斯和加拿大，居世界第三位。

1．中国土地资源的特征

（1）绝对数量大、人均占有量少。

我国耕地面积居世界第四位，林地居第八位，草地居第二位，但人均占有量很低。世界人均耕地面积为 0.37 hm^2，我国人均仅为 0.1 hm^2（联合国粮农组织提出人均耕地的最低界限是 0.05 hm^2，如果低于此限，即使拥有现代化的技术条件，也难保障粮食自给）；人均草地面积世界平均为 0.76 hm^2，我国为 0.35 hm^2。发达国家 1 hm^2 耕地负担 1.8 人，发展中国家负担 4 人，我国则需负担 8 人，其压力之大可见一斑。尽管我国已解决了世界 1/5 人口的温饱问题，但也应注意到，我国非农业用地逐年增加，人均耕地将逐年减少，土地的人口压力将愈来愈大。

（2）土地类型多样、区域差异显著。

我国地跨赤道带、热带、亚热带、暖温带、温带和寒温带，其中亚热带、暖温带、温带合计约占全国土地面积的 71.7%，温度条件比较优越。从东到西又可分为湿润地区（占土地面积 32.2%）、半湿润地区（占 17.8%）、半干旱地区（占 19.2%）、干旱地区（占 30.8%）。由于地形条件复杂，山地、高原、丘陵、盆地、平原等各类地形交错分布，形成了复杂多样的土地资源类型，区域差异明显，为综合发展农、林、牧、副、渔业生产提供了有利的条件。

（3）山地面积大。

我国山地（包括丘陵、高原）面积约为 633.7 万 km^2，占土地总面积的 66%。全国 1/3 的人口、2/5 的耕地和 9/10 的宜林地分布在山地。

（4）难以开发利用和质量不高的土地比例较大。

我国有相当一部分土地难以开发利用。在全国国土总面积中，沙漠占 7.4%，戈壁占 5.9%，石质裸岩占 4.8%，冰川与永久积雪占 0.5%，加上居民点、道路占用的 8.3%，全国不能供农、林、牧业利用的土地占全国土地面积的 26.9%。此外，还有一部分土地质量较差。在现有耕地中，涝洼地占 4.0%，盐碱地占 6.7%，水土流失地占 6.7%，红壤低产地占 12%，次生潜育性水稻土为 6.7%，各类低产地合计 5.4 亿亩（1 亩=1/15 hm^2）。从草场资源看，年降水量在 250 mm 以下的荒漠、半荒漠草场有 9 亿亩；分布在青藏高原的高寒草场约有 20 亿亩，草质差、产草量低，需 60～

70 亩，甚至 100 亩草地才能养 1 只羊，利用价值低。

2．存在问题

（1）乱砍滥伐、毁林开荒，导致水土流失。

（2）滥垦草原、过度放牧，导致土地沙化。

（3）干旱、半干旱地区不合理灌溉，导致土壤次生盐碱化。

（4）滥占耕地修路建房，导致耕地锐减。

第四节　矿产资源

矿产资源是指由地质作用形成的，具有利用价值的，呈固态、液态、气态的自然资源。矿产资源可分为能源矿产（如煤、石油、地热）、金属矿产（如铁、锰、铜）、非金属矿产（如金刚石、石灰岩、黏土）和水气矿产（如地下水、矿泉水、二氧化碳气）四大类。矿产资源属于不可再生资源，其储量有限。目前世界已知的矿产有 1 600 多种，其中 80 多种应用较广泛。

矿产资源为人类提供了 95%以上的能源来源，80%以上的工业原料，70%以上的农业生产资料，是人类社会赖以生存和发展的重要物质基础。

一、矿产资源的全球分布

全球石油剩余探明可采储量的石油资源空间分布的极其不均衡，人口不足世界 3%、仅占全球陆地面积 4.21%的中东地区石油储量占世界储量的 65%。

与石油相比，天然气的地区分布相对均衡一些。世界天然气剩余探明可采储量分布如下：前苏联占世界总量的 37.75%，中东地区与之相当，接近世界总量的 35%，居第二；亚太地区、西欧地区、非洲、北美和南美洲储量不足世界总量的 28%。

全球煤炭资源空间分布较为均衡。全球剩余探明可采储量分布如下：亚太地区、前苏联地区和北美洲储量相近，分别占世界总储量的 29.7%、26.1%和 23.4%。西欧地区的储量占世界总量的 12.4%；非洲和南美洲较少，中东地区几乎没有煤炭。

铁矿床遍及世界各地，空间上主要分布在东欧—前苏联、亚太和南美地区。全球剩余探明铁矿储量（含铁量）中，东欧—前苏联地区和亚太地区，分别占世界铁矿储量的 45.6%和 31.2%。南美、北美和西欧分别占世界的 8%、5.8%和 6.5%，中东地区和非洲地区匮乏。

铝土矿矿床及其储量分布就更不均衡了。南美、非洲和亚太地区是铝土矿的集中分布区。在全球的铝土矿储量中，上述三个地区分别占 36%、34%和 25.5%，占世界总量的 95.5%，其他地区铝土矿资源量较少。

全球铜矿床分布较普遍，但主要集中在南美和北美的东环太平洋成矿带上。在全球剩余铜储量中，南美占37.5%，北美占23.3%，亚太和东欧—前苏联分别占15.6%和11.5%。其他地区资源储量有限。

世界主要产金国有南非、俄罗斯、加拿大、美国、澳大利亚、中国、巴西、巴布亚新几内亚、印度尼西亚等国家。

二、中国矿产资源的基本特征

中国矿产资源总的特点是：总量大，但人均拥有量低；种类齐全但结构不合理；分布相对集中，但与经济区域不匹配；在部分用量大的支柱性矿产中贫矿和难选矿多，开发利用难度大，利用成本高。

1. 地质条件复杂，矿产资源丰富

根据《中国矿产资源报告（2022）》显示，截至2021年底，中国已发现矿产173种，其中，能源矿产13种，金属矿产59种，非金属矿产95种，水气矿产6种。中国石油、天然气剩余探明技术可采储量分别达36.89亿t、63 392.67亿m^3，中国已成为世界上矿产资源总量丰富、矿种比较齐全、配套程度较高的少数国家之一。

2. 主要矿产储量低，人均拥有量低

已探明矿产资源总量较大，约占世界的12%，仅次于美国和前苏联，居世界第三位。但是，中国主要矿产储量占世界的比例并不高，如铁矿石不足9%，锰矿石约18%，铬矿只有0.1%，铜矿不足5%，铝土矿不足2%，钾盐矿小于1%，煤炭占世界总量16%，石油占1.8%，天然气占0.7%。人均占有量也很低，如石油资源的人均占有量只有世界人均的11%，天然气不足5%。

3. 矿产资源地区分布不均

在资源分布上，具有不均匀性和区域性。74%的煤集中于晋、陕、蒙、新四省区，而经济发达，用煤量大的东南地区则很紧缺，形成北煤南调、西煤东运的局面。70%的磷矿集中于云、贵、川、鄂四省，北方大量用磷则需南磷北调。

4. 贫矿多，富矿少；伴生矿多，分选冶炼困难

从矿产资源的可利用性来看，中国铁矿平均品位为33.5%，比世界平均品位低10%以上；锰矿平均品位22%，而世界平均品位为48%；铝土矿以一水硬铝石为主，三水铝石和一水软铝石较少；铜矿品位大于1%的储量仅35%，平均品位0.87%；磷矿平均品位仅16.95%，富矿少，且胶磷矿多，选矿难度大。我国三大伴生矿是攀枝花铁矿伴生钒钛矿、白云鄂博铁矿伴生稀土矿、金昌金川镍矿伴生多种金属。回收率低造成资源浪费，并污染环境。

在矿床规模上，中小型矿床所占比例较大，不利于规模开发。矿床规模大的矿产仅有钨、锡、钼、锑、铅锌、镍、稀土、菱镁矿、石墨、北方煤炭等。

三、矿产资源开发存在的问题

（1）露天采矿剥离岩土，导致水土流失。

（2）地下采矿形成采空区，导致地面沉陷，破坏地下水自流循环。

（3）废矿石占用大片土地。

（4）采矿“三废”污染环境。

第五节　海洋资源

地球表面 71%是海洋，海洋是地球上连续分布的咸水体的总称。总面积约为 3.61 亿 km^2，平均深度 3 800 m，最大水深 11 034 m。海底地形复杂，有群山，许多地方栖息着海洋植物和动物。全球海洋总体积约为 13.7 亿 km^3，海水占地球总水量的 97%。

一、海洋资源

海洋资源指的是与海水水体及海底、海面本身有着直接关系的物质和能量。

1．海洋生物资源

海洋中的生物资源极其丰富，生物种类有：自养细菌、浮游植物、底栖植物、浮游动物、底栖动物、大型无脊椎动物、鱼类和海洋哺乳动物等，它们相互之间构成循环状的食物链。海洋中大量的生物群落与特殊的海洋环境构成了海洋生态系统。

据统计，海洋中生物有 49 门 96 个纲，共约 20 万种。海洋中鱼类有近万种，大陆架是主要的渔业基地，占世界捕鱼量的 80%以上；海洋中甲壳类动物共有 25 000 多种；藻类共有 10 门约 10 000 种，人类可以食用的海藻有 70 多种，已知海洋中的 230 多种海藻含有各种维生素，240 多种生物含有抗癌物质；软体动物也是海洋生物中种类最繁多的一个门类，其中许多种类具有重要的经济价值。随着人们对海洋研究的深入，海洋将为人类提供更多的食物及药物。

2．海洋石油、天然气资源

海洋中有丰富的油气资源。按法国石油研究院的估计，全世界海洋石油可采储量为 1 350 亿 t。据美国专家统计，世界有油气的海洋沉积盆地面积有 2 639.5 万 km^2。目前世界最著名的海上产油区有波斯湾、委内瑞拉的马拉开波湖、欧洲的北海和美洲的墨西哥湾，称为四大海洋石油区；海上天然气的储量以波斯湾为第一，北海第二，墨西哥湾第三。

近年来，科学家们发现海洋深处有大量高压低温条件下形成的水合甲烷，也叫

"可燃冰"，是地球上蕴藏的石油、天然气总和的若干倍，是非常宝贵的能源。

3．国际海底区域的多金属结核资源

1873年，英国"挑战者号"进行首次全球海洋调查，在大西洋采集到一种黑色的球状物。由于它的主要成分是锰和铁，故称为"锰矿球"。后来发现矿球具有核心，有不断向外生长的纹层，因而改称"锰结核"。近来人们又从中分析出铜、钴、镍、铅、锌、铝和稀土元素等60多种金属成分，因而又称其为"多金属结核"。多金属结核多分布在4～6 km水深的海底表层。据估计，其储量约有3万亿t，可采潜力约750亿t。其中所含锰的总储量是陆地的779倍，铜36倍，钴5 250倍，镍405倍，铁4.3倍，铝75倍，铅33倍。由于结核形成于取之不尽的海水胶凝作用，故是一种还在不断增生的资源，每年新增储量1 000万t，其生长速度比人类的消费速度还快！因此，仅此一类矿产就足以使人类产生向大洋进军的强大动力。

位于国际海底区域的多金属结核资源，属于全人类的财产。这些资源的勘探开发由专门设立的国际海底管理局负责管理。《联合国海洋法公约》确定的国际海底开发制度是"平行开发制度"，即一方面由国际海底管理局的企业部直接进行开发；另一方面由各缔约国及其公司通过与国际海底管理局签订合同进行开发。

4．海水资源

海洋是由巨量的水组成的，全球海洋的总水量13.7亿km^3。海水中溶解有大量的盐类，据估计其总量可达500亿t。海水中含有80余种元素。人们利用海水生产食盐，提取氯化镁、硫酸钠、氯化钙、氯化钾、溴化钾等。除此之外，海水可以直接用作工业冷却水，日本已有40%～50%的工业用水是直接用海水解决的，我国沿海城市直接利用海水的数量为40亿～50亿t。海水的淡化技术日趋成熟，成为一项重要的海水资源开发事业。据统计，目前已有60多个国家在300多个近岸工厂中利用海水生产食盐、镁盐、溴、重水及淡水等。海水中的重水是核聚变发电的能源，是新一代主体能源，而且深海中重水储量巨大，对人类未来具有重大价值。

5．海洋能源

海洋中蕴藏着潮汐能、波浪能、海流能、温差能和盐差能等自然能源。海洋能分布广、蕴藏量大、可再生、无污染，预计21世纪将进入大规模开发阶段。据联合国教科文组织估计，全世界海洋能总量为766亿kW。世界上最大的潮汐电站为法国的朗斯电站，总装机24万kW，年发电量5.44亿kW·h。日本是世界上最早使用波能发电机的国家之一，其航标灯和灯塔上的波能发电机已实用化。最早提出利用海水温差发电的法国物理学家德尔松瓦，其学生克劳德在古巴海域建造了世界上第一座海水温差发电站，获得了10 kW功率。此后，美国洛克希德公司设计成功了16 kW的海水温差发电站。日本科学家在海水温差发电上也取得了成功，他们为南太平洋瑙鲁设计了100 kW功率的发电站，是世界上第一座商用温差发电站。2005年12月21日，世界第二座、亚洲第一座潮流能发电站，在舟山岱山县建成发电。该潮流发电实验电站功率40 kW，总投资180万元，是国家“863”计划的40 kW潮汐发电实验电站实用化项目。2008年，受联合国工业发展组织委托，我国与意大利在罗马签订了开发潮流能发电项目的合作协议，在舟山海域开发120 kW潮流能发电站，投资约400万元。

6．港口资源

全世界沿海国家有许多适合建港的岸线和海湾，历来被认为是十分宝贵的资源，有许多港湾资源受到重视并被开发利用，促进了海洋交通运输的发展及国际经济贸易往来。

7．海洋空间资源

海洋覆盖地球2/3以上的表面积，拥有广阔的空间资源。不仅能为海洋生物提供生存空间，也许将来它还会为人类生存提供空间，随着地球人口的增加，人们将不得不对海洋空间资源进行开发。也许将来，用铝、镁等轻型合金建造的人类住房——三维高层建筑会屹立在海面之上，人类会在海洋上空建造出更具现代化的空间城市。

二、海洋的功能

（1）海洋提供人类需要的物产：海洋食品、海盐、矿物资源。

（2）维持大气中的氧浓度和调节气候。海洋中的浮游生物能大量吸收二氧化碳，产生地球上70%的氧气。

（3）蒸发水分，为陆地提供降雨。

（4）提供海洋能源。

（5）提供独特的海岸和海洋景观。

三、我国的海洋资源

我国是一个陆海兼具的国家，海岸线长达1.8万km，居世界第四。按照国际法和《联合国海洋法公约》的有关规定，我国主张的管辖海域面积可达300万km^2，接近陆地领土面积的1/3。其中与领土有同等法律地位的领海面积为38万km^2。在我国的海域中，面积在500 m^2以上的岛屿7 372个，大陆架面积居世界第五位。

我国拥有丰富的海洋资源。油气资源沉积盆地约70万km^2，石油资源量估计为240亿t，天然气资源量估计为14万亿m^3，还有大量的天然气水合物资源，即最有可能在21世纪成为油气替代能源的“可燃冰”。我国管辖海域内有海洋渔场2.8亿hm^2，20 m以内浅海面积2.416 00万hm^2，海水可养殖面积260万hm^2；已经养殖的面积71万hm^2。浅海滩涂可养殖面积242万hm^2，已经养殖的面积55万hm^2。

我国已经在国际海底区域获得 7.5 万 km^2 多金属结核矿区，多金属结核储量超过 5 亿 t。

第六节 我国自然资源的特点

综上所述，我国自然资源的主要特点概括如下：

（1）地大物博，但人均资源占有量少。我国的水资源、土地资源、矿产资源、海洋资源的绝对量都很大，但由于我国人口众多，这些资源的人均占有量均低于世界人均水平。

（2）资源分布不均衡。我国陆地水资源的地区分布是东南多、西北少，由东南向西北逐渐递减；我国森林主要集中在东北和西南地区，西北地区很少；我国矿产资源分布也不均衡，北方多煤、多铁，南方多有色金属。

（3）某些后备资源相对不足。在我国的土地资源中，沙漠、戈壁、高山寒漠、裸露石山、永久性积雪和冰川的覆盖面积将近国土总面积的 1/3，难以利用的比例很大。我国尚有开垦后可主要用于种植粮食和经济作物的耕地 840 万 hm^2 左右，但大多分布在边远地区，开垦难度较大。

我国有些矿种探明的储量很少，远不能满足国内的需要。石油、铬、铂、金刚石、钾盐和一些特殊铁矿石等，还需要从国外进口。

自然资源既是人类生产和生活的物质基础，又是自然环境的组成部分。国民经济的发展和人们生产、生活条件的改善都离不开自然资源。我国以往在开发自然资源的过程中对自然规律认识不够，常常偏重于近期的经济效益，忽视长远的经济效益、社会效益和环境效益，从而导致资源和环境受到不同程度的破坏。如多年来存在盲目开荒、滥伐森林、滥采矿产以及水面过围、草原超载等问题，对资源的索取超过了资源的潜在能力，造成资源种类和数量减少，质量下降；使不少地区水土流失，土地沙化，水源、能源紧张，环境污染，河流淤塞，灾害加剧；从而严重影响了人类的生存和社会的发展。因此，保护自然环境和自然资源归根到底是保护人类的生存条件。为了经济和社会的持续发展，保护自然资源已越来越成为人们当前的迫切任务。

第三章　环境问题

第一节　概　述

一、环境

所谓环境总是相对于某一中心事物而言，与某一中心事物有关的周围事物就是这个中心事物的环境。人类的环境，其中心事物是人类，即以人类为主的外部世界。它可分为自然环境和人工环境两种。

自然环境指的是人类目前赖以生存、生活和生产必需的自然条件和自然资源的总称，即阳光、温度、气候、地磁、空气、水、岩石、土壤、动物、植物、微生物，以及地壳稳定性等自然因素的总和。

人工环境则是指由于人类的活动而形成的环境要素。包括由人工形成的物质、能量和产品，以及人类活动中形成的人与人之间的关系（或称上层建筑）。

二、环境要素

环境要素又称环境基质，是指构成人类环境整体的各个独立、性质不同而又服从整体演化规律的基本物质组分，分自然环境要素和人工环境要素。自然环境要素通常指水、大气、生物、阳光、岩石、土壤等。环境要素组成环境结构单元，环境结构单元又组成环境整体或环境系统。例如，由水组成水体，全部水体总称为水圈；由大气组成大气层，整个大气层总称为大气圈；由生物个体组成生物群落，全部生物群落构成生物圈等。

三、环境质量

环境质量一般是指在一个具体的环境内，环境的总体或环境的某些要素，对人群的生存和繁衍以及社会经济发展的适宜程度，是反映人群的具体要求而形成的对环境评定的一种概念。人们常用环境质量的好坏来表示环境遭受污染的程度。显然，环境质量是对环境状况的一种描述，这种状况的形成，有自然的原因，也有人为的原因，从某种意义上说，后者是更重要的原因。

四、环境问题

环境问题，就是由自然力或人力引起生态平衡破坏，最后直接或间接影响人类生存和发展的一切客观存在的问题。

环境问题分为两类。纯粹由自然力引起的为原生环境问题，又称第一环境问题，主要是指地震、洪涝、干旱、滑坡等自然灾害。对于这类环境问题，目前人类的抵御能力还很薄弱。由人类活动引起的为次生环境问题，也叫第二环境问题，又可分为环境污染和生态环境破坏两类。

环境污染指工农业生产和人们生活对环境造成的污染。人们在生产和生活中，不断地把废气、废水、废渣、垃圾、各种有害化学物质以及放射性污染物等，排放到环境中，破坏了环境的生态平衡，使环境发生了对人类不利的变化，直接或间接地危害到人体健康，这种现象统称为环境污染。引起环境污染的物质主要有以下几种：① 工业“三废”，即工业生产排放出的废水、废气、废渣；② 农业中施用化肥、农药的残留物；③ 生活排放的污水、粪便、垃圾；④ 放射性污染物，如核能工业、核武器生产和试验排放的废弃物和飘尘等。环境污染包括由污染物质引起的大气污染、水体污染、土壤污染、生物污染和由物理性因素引起的噪声污染、热污染、放射性污染或电磁辐射污染等。

生态环境破坏则是人类活动直接作用于自然界而引起的区域性生态平衡破坏。如乱砍滥伐引起的森林植被破坏，过度放牧引起的草原退化，大面积开垦草原引起的沙漠化，乱采滥捕使珍稀物种灭绝危及地球物种多样性，植被破坏引起的水土流失等。

需要注意的是，原生环境问题与次生环境问题往往难以截然分开，它们常常相互影响、相互作用。例如，人们为了获取食物而大肆毁林垦荒、草原过度放牧而造成植被破坏，从而给水或风对土壤的破坏活动提供了条件，在自然力的作用下造成了水土流失或土地沙化。由于水土流失或土地沙化导致土壤肥力下降，人们为了补充食物的不足又进行新的植被破坏，从而引发新一轮自然灾害和生态环境破坏。

当今世界主要环境问题是：全球气候变化、臭氧层破坏和损耗、酸雨污染、土地荒漠化、水资源危机、森林植被破坏、生物多样性锐减、海洋资源破坏和污染、垃圾成灾、持久性有机污染物污染。

第二节　环境污染

一、大气污染

大气污染通常指由于人类活动或自然过程引起某些物质进入大气中，呈现出足够的浓度，达到足够的时间，并因此危害了人体的舒适、健康和福利或环境的现象。

大气污染物目前已知有 100 多种。按其存在状态可分为两大类。一类是气溶胶状态污染物，另一类是气体状态污染物。气溶胶状态污染物主要有粉尘、烟液滴、雾、降尘、飘尘、悬浮物等。气体状态污染物主要有以二氧化硫为主的硫氧化物，以二氧化氮为主的氮氧化物，以二氧化碳为主的碳氧化物，以碳、氢结合的碳氢化物。大气中不仅含无机污染物，而且含有机污染物。

大气污染的成因有自然因素，如火山爆发、森林火灾、岩石风化等；也有人为因素，如工业废气、燃烧、汽车尾气和核爆炸等。人为因素是大气污染的主要成因，尤其是工业生产和交通运输。大气污染由污染源排放、大气传播、人与生物受到危害三个环节构成。随着人类经济活动和生产迅速发展，在大量消耗能源的同时，也产生大量的废气、烟尘物质排入大气，严重影响了大气环境质量。

大气污染对人体的危害主要表现为呼吸道疾病；对植物可使其生理机制受压抑，成长不良，抗病虫能力减弱，甚至死亡。大气污染还能对气候产生不良影响，如降低能见度，减少太阳辐射，从而导致城市佝偻病发病率增加。大气污染产生酸雨、酸雪，使河湖、土壤酸化，腐蚀建筑物和工业设备；破坏露天的文物古迹。大气中的温室气体增加导致全球变暖，大气中氯氟烃化合物增加导致臭氧空洞。

1. 酸雨

酸雨是指 pH 小于 5.6 的雨水、冻雨、雪、雹、露等大气降水。现已确认，大气中的二氧化硫和二氧化氮是形成酸雨的主要物质。美国测定的酸雨成分中，硫酸占 60%，硝酸占 32%，盐酸占 6%，其余是碳酸和少量有机酸。大气中的二氧化硫和二氧化氮主要来源于煤、石油和天然气的燃烧，它们进入大气中，在氧化剂的作用下，发生复杂的物理和化学过程，转化为硫酸和硝酸，随雨、雪、雹、露等降落地面，形成酸雨。

酸雨给地球生态环境和人类社会经济都带来严重的影响和破坏。研究表明，酸雨对土壤、水体、森林、建筑、名胜古迹等均有严重危害，不仅造成重大经济损失，更危及人类生存和发展。酸雨使土壤酸化，肥力降低，毒害作物根系，杀死根毛，导致作物发育不良或死亡。酸雨降落河湖，会使河湖水酸化，影响鱼类生长和繁殖。

酸雨杀死水中的浮游生物，减少鱼类食物来源，破坏水生生态系统。酸雨污染河流、湖泊和地下水，直接或间接危害人体健康。酸雨对森林的危害更不容忽视，酸雨淋洗植物表面，直接伤害或通过土壤间接伤害植物，促使森林衰亡。酸雨对金属、石料、水泥、木材等建筑材料均有很强的腐蚀作用，因而对电线、铁轨、桥梁、房屋等均会造成严重损害。

全球有三大酸雨区：一是包括美国和加拿大在内的北美酸雨区。对美国20世纪五六十年代降水的化学监测结果表明，1955—1956年，酸雨普遍出现在美国东部地区，高酸度的降水主要集中在东北部和大西洋的一些州；1965—1966年的监测结果则表明，酸雨已向南部和西部地区发展；1972—1973年，酸雨区域几乎覆盖了北美的整个东部地区（除佛罗里达南端和加拿大北部外）。二是以德、法、英等国为中心，波及大半欧洲的北欧酸雨区。20世纪60年代，北欧的瑞典和挪威开始受到来自欧洲中部工业区酸性大气污染物的影响，70—80年代酸雨由北欧扩大至中欧。以上两个酸雨区的总面积为1 000多万 km^2，降水的pH小于5，有的甚至小于4。由于我国经济的高速发展，使我国酸雨覆盖面积急剧扩大，到1999年我国已成为仅次于欧洲和北美的世界第三大酸雨区。20世纪80年代，中国的酸雨主要发生在以重庆、贵阳和柳州为代表的西南地区；到90年代中期，酸雨已发展到长江以南的四川盆地、贵州、湖南、湖北、江西、浙江、江苏及沿海的福建、广东等省区。酸雨区面积已占国土面积的30%。我国酸雨区面积扩大之快，降水酸化率之高，在世界上也是罕见的。值得注意的是，以往很少见到酸雨沉降的北方地区，如侯马、丹东、图们等地也出现了酸雨。

我国酸雨控制策略：① 确定合理的酸沉降控制区与 SO_2 排放控制区；② 对主要致酸物质（SO_2）排放实行总量控制；③ 分省总量控制与行业总量控制相结合；④ 控制新污染源与治理老污染源齐头并进；⑤ 污染控制与节能并重；⑥ 大力发展煤炭的洗选加工、型煤固硫及烟气脱硫技术；⑦ 采用综合经济手段，控制 SO_2 排放量；⑧ 开发水电、风能、核能等替代能源。

2. 臭氧层空洞

臭氧（O_3）是氧的一种存在形式。平流层中含有地球上90%的臭氧。尽管在整个平流层中均可发现臭氧，但在距地面大约25 km的区域内臭氧浓度最高，这一区域被称为“臭氧层”。臭氧层的主要作用是吸收进入地球大气的紫外线，是人类和地球生物赖以生存的保护伞。

臭氧层空洞是大气平流层中臭氧浓度大量减少的空域。20世纪50年代末到70年代人们就发现平流层中臭氧浓度有减少的趋势，1985年英国南极考察队在南纬60°地区观测发现臭氧层空洞，2008年9月形成的南极臭氧层空洞的面积已达2 700万 km^2，目前，空洞面积仍在继续扩大。

臭氧层中的臭氧主要是紫外线制造出来的。太阳光线中的紫外线分为长波和短波两种，当大气中的氧分子受到短波紫外线照射时，分解成氧原子。氧原子的不稳定性极强，与氧分子（O_2）相遇发生反应，形成臭氧（O_3）。臭氧形成后，由于其比重大于氧气，会逐渐地向臭氧层的底层降落，臭氧具有不稳性，在降落过程中，受到长波紫外线的照射，再度还原为氧。臭氧层就是保持了这种氧气与臭氧相互转换的动态平衡。

大气臭氧层的主要作用是保护地球上的人类和动植物免遭短波紫外线的伤害。臭氧层能够吸收太阳光中波长 300 μm 以下的紫外线。短波紫外线辐射杀伤能力最大，能杀死细胞，破坏生物细胞内的遗传物质，如染色体、脱氧核糖核酸等。臭氧层的臭氧浓度减少，使得太阳对地球表面的紫外辐射量增加，对生态环境产生破坏作用，影响人类和其他生物有机体的正常生存。据估计，臭氧每减少 1%，皮肤癌发病率将增加 2%～3%，白内障患者将增加 0.6%～0.8%。短波紫外线可抑制人体免疫机能，增加疾病的发病率。臭氧层的耗损也会使动物瘟疫和死亡率增加。强烈的紫外线还会使农作物和植物的产量和质量下降。紫外辐射能穿透水下 10 m。过量的紫外线会杀死水中的微生物，削弱浮游植物的光合作用，破坏水生生物的食物链，引起水生生态系统发生变化，降低水体的自然净化能力，导致水生生物大批死亡，进而影响全球生态平衡。

臭氧层除了屏蔽太阳中的紫外辐射外，还参与了大气环流。臭氧的减少，不仅直接给地球上的生命带来惨重的损失，而且使地球大气低层变暖、高层变冷，加重温室效应，从而导致地球气候和大气形式的更大变化。

许多科学研究证明，工业上大量生产和使用的全氯氟烃（CFCs）、全溴氟烃（哈龙）等物质，被释放到大气中并上升到平流层时，受到强烈的太阳紫外线的照射，分解出 Cl 和 Br 自由基，这些自由基很快地与臭氧进行连锁化学反应，将臭氧（O_3）变成氧分子（O_2）和氧原子（O），从而使臭氧总量减少，形成了臭氧层空洞。人们把这些破坏大气臭氧层、危害人类生存环境的物质称为“消耗臭氧层物质”，简称 ODS。目前认为 ODS 包括下列物质：CFC（氯氟烃）、哈龙（Halon）、四氯化碳、甲基氯仿、溴甲烷以及 HCFC、HBFC 等。这些物质常用作制冷剂、发泡剂、喷射剂和灭火剂。

联合国环境规划署自 1976 年起陆续召开了各种国际会议，通过了一系列保护臭氧层的决议。如 1985 年 3 月，在奥地利首都维也纳通过了有关保护臭氧层的国际公约——《保护臭氧层维也纳公约》，该公约从 1988 年 9 月生效。1987 年 9 月 16 日在加拿大的蒙特利尔会议上，通过了《关于消耗臭氧层物质的蒙特利尔议定书》，并于 1989 年 1 月 1 日起生效。该议定书对 5 种氯氟烃和 3 种哈龙的生产和消费实行控制。规定缔约国在 2000 年或更早的时间里淘汰氟利昂和哈龙；四氯化碳到 1995 年减少85%，到2000年全部被淘汰；到2000年，三氯乙烷减少70%，2005年以前全部被淘汰。时至今日，已有190多个发达国家和发展中国家签订了《关于消耗臭氧层物质的蒙特利尔协定书》。中国承诺在2009年12月31日停止生产和消费四氯化碳。国际组织正进行研究，将试剂四氯化碳的全球实验室和分析用途豁免的有效期延至2011年12月31日。

科学家认为减少进入平流层的消耗臭氧物质，有利于臭氧层的恢复。但是目前已进入大气中的消耗臭氧物质需要几年的时间才能到达平流层，而且在平流层这些物质可以存在几十年。因此，即使现在将消耗臭氧的所有物质完全限制，也不可能在一朝一夕间使臭氧层得到恢复。

3．气候变化

《联合国气候变化框架公约》（UNFCCC）第一款中，将气候变化定义为："经过相当一段时间的观察，在自然气候变化之外由人类活动直接或间接地改变全球大气组成所导致的气候改变。"

联合国政府间气候变化专门委员会（IPCC）第四次评估报告指出：在1906—2005年，全球地表平均温度升高了0.74℃。全球海平面1961—2003年每年平均上升1.8 mm，而1993—2003年，每年平均上升3.1 mm。卫星数据显示，1978年以来北冰洋海冰范围平均每10年减少2.7%，夏季减少得更多，为7.4%。IPCC第四次评估报告预计21世纪末全球平均地表温度可能会升高1.1～6.4℃。

联合国政府间气候变化专门委员会（IPCC）第六次评估报告指出：气候变化已经在陆地、淡水、沿海和远洋海洋生态系统中造成了巨大的破坏和越来越不可逆转的损失。一项对976种植物和动物的研究发现，47%的动植物灭绝原因与气候变化相关。全球气温上升1.5℃，所有陆地和淡水物种的"面临极高灭绝风险"的比例可能会达到9%（最高14%）。全球气温上升2℃时该比例上升到10%（最高18%），全球气温上升3℃时该比例则增加到12%（最高29%）。若全球气温上升4℃，超过1/3（35%）的全球陆地表面可能会发生生物群落变化。

气候变化的原因既有自然因素，也有人为因素。一方面，由于工业革命以来人类活动特别是发达国家工业化过程的经济活动频繁。化石燃料燃烧，导致大气温室气体浓度大幅增加，温室效应增强。另一方面，由于对森林乱砍滥伐，大量农田建成城市和工厂，破坏了植被，减少了将二氧化碳转化为有机物的条件。再加上地表水域逐渐缩小，降水量大大降低，减少了吸收溶解二氧化碳的条件，破坏了二氧化碳生成与转化的动态平衡，就使大气中的二氧化碳含量逐年增加。进而引起全球气候变暖。

全球气候变化已经并将继续威胁人类及生态系统的安全：气候变化导致灾害性气候事件频发，极端天气、冰川消融、永久冻土层融化、珊瑚礁死亡、海平面上升、生态系统改变、旱涝灾害增加、致命热浪等。气候变化引起海平面上升，沿海地区遭受洪涝、风暴等自然灾害影响更为严重，小岛屿国家和沿海低洼地带甚至面临被淹没的威胁。气候变暖使得冰川消融加速，冻土的不稳定性增加，山区塌方事件增多。气候变化改变了降水的分布，水资源失衡的矛盾更加突出，部分旱区更旱。气候变化对农、林、牧、渔等经济社会活动都会产生不利影响，加剧疾病传播，威胁社会经济发展和人民群众身体健康。海洋吸收更多的二氧化碳将会造成表层海水酸化度增加数倍，对海洋生物特别是贝类构成更大的威胁。据 IPCC 报告，如果全球温度升高超过 2.5℃，全球所有区域都可能遭受不利影响，发展中国家所受损失尤为严重；如果升温 4℃，则可能给全球生态系统带来不可逆的损害，造成全球经济重大损失。

据 2006 年我国发布的第一次《气候变化国家评估报告》，气候变化对我国的影响主要集中在农业、水资源、自然生态系统和海岸带等方面，可能导致农业生产不稳定性增加、南方地区洪涝灾害加重、北方地区水资源供需矛盾加剧、森林和草原等生态系统退化、生物灾害频发、生物多样性锐减、台风和风暴潮频发、沿海地带灾害加剧、有关重大工程建设和运营安全受到影响。

根据《第三次气候变化国家评估报告》，客观反映了我国科学界在气候变化领域的研究进展。与前两次评估报告相比，此次评估报告还增加了气候变化社会经济影响评估等内容。评估报告的主要结论：1909 年以来中国的变暖速率高于全球平均值，每 100 年升温为 0.9～1.5℃。我国沿海海平面 1980—2012 年上升速率为 2.9 mm/a，高于全球平均速率。20 世纪 70 年代末至 21 世纪初，冰川面积退缩约 10.1%，冻土面积减少约 18.6%。未来，中国区域气温将继续上升，到 21 世纪末，可能增温 1.3～5.0℃。全国降水平均增幅为 2%～5%，北方降水可能增加 5%～15%，华南降水变化不显著。高温热浪和极端干旱事件将增加，海平面将继续上升。气候变化对我国影响利弊共存，总体上弊大于利，我国采取了一系列政策和行动积极应对气候变化并取得显著成效，2020 年实现了二氧化碳排放强度下降 40%～45%的上限目标。

全球气候变化问题引起了国际社会的普遍关注。1979 年第一次世界气候大会呼吁保护气候；1992 年通过的《联合国气候变化框架公约》确立了发达国家与发展中国家“共同但有区别的责任”原则，阐明了其行动框架，力求把温室气体的大气浓度稳定在某一水平，从而防止人类活动对气候系统产生“负面影响”。到目前为止，UNFCCC 已经收到来自 185 个国家的批准、接受、支持或添改文件，并成功地举行了 6 次有各缔约国参加的缔约方大会。1997 年通过的《京都议定书》（以下简称《议定书》）确定了发达国家 2008—2012 年的量化减排指标；2007 年 12 月达成的巴厘路线图，确定就加强 UNFCCC 和《议定书》的实施分头展开谈判，并于 2009 年 12 月在哥本哈根举行缔约方会议。

2009 年 9 月 22 日在美国纽约召开的联合国气候变化峰会上，国家主席胡锦涛在开幕式上的讲话中指出：中国已经制定和实施了《应对气候变化国家方案》，明确提出 2005 年到 2010 年降低单位国内生产总值能耗和主要污染物排放、提高森林覆盖率和可再生能源比重等有约束力的国家指标。今后，中国将进一步把应对气候变化纳入经济社会发展规划，并继续采取强有力的措施。一是加强节能、提高能效工作，争取到 2020 年单位国内生产总值二氧化碳排放比 2005 年有显著下降。二是大力发展可再生能源和核能，争取到 2020 年非化石能源占一次能源消费比重达到 15%左右。三是大力增加森林碳汇，争取到 2020 年森林面积比 2005 年增加 4 000 万 hm^2，森林蓄积量比 2005 年增加 13 亿 m^3。四是大力发展绿色经济，积极发展低碳经济和循环经济，研发和推广气候友好技术。

2023 年，中国正式向《联合国气候变化框架公约》秘书处提交《中华人民共和国气候变化第四次国家信息通报》和《中华人民共和国气候变化第三次两年更新报告》。报告指出，气候变化已对我国自然生态系统带来严重不利影响，并不断向经济社会系统蔓延渗透。主要表现：水资源安全风险明显上升，冰川呈退缩趋势，多年冻土范围减少；植被物候受气候变化影响显著，稳定性下降，植被带分布总体向高纬度、高海拔地区推移；沿海海平面上升，海洋灾害趋频趋强，海洋和海岸带生态系统受到严重威胁；同时，气候变化通过温度与降水变化的综合作用，使农业种植方式和作物布局改变，气象灾害和病虫害加剧；气候变暖以及极端天气气候事件多发频发，对脆弱人群造成了更大的健康风险和疾病负担，严重威胁人类的生命健康和公共卫生安全。未来我国年平均气温仍将持续上升，年降水量在多数地区增加，极端天气气候事件在多数地区可能会增多、增强，自然生态系统和社会经济系统面临的气候变化影响和风险将进一步加剧。

我国高度重视适应气候变化工作，实施积极应对气候变化国家战略，一贯坚持适应和减缓并重，将适应气候变化理念和要求纳入国民经济和社会发展五年规划。为统筹推进适应气候变化工作，2013 年我国首次发布《国家适应气候变化战略》，明确了 2014—2020 年适应气候变化的总体要求、重点任务、区域格局和保障措施，为开展适应气候变化工作提供了指导和依据。2022 年 6 月，我国 17 部门联合印发《国家适应气候变化战略 2035》，明确加强气候变化监测预警和风险管理、提升自然生态系统适应气候变化能力、强化经济社会系统适应气候变化能力、构建适应气候变化区域格局等重点任务，为下一步工作提供了战略依据和指导。

二、水污染

1984 年颁布的《中华人民共和国水污染防治法》中为“水污染”下了明确的定义，即水体因某种物质的介入，而导致其化学、物理、生物或者放射性等方面特性的改变，从而影响水的有效利用，危害人体健康或者破坏生态环境，造成水质恶化的现象。

水体一般是指河流、湖泊、沼泽、水库、地下水、海洋的总称。在环境科学领域中，则把水体当做包括水中的悬浮物、溶解物质、底泥和水生生物等完整的生态系统或完整的综合自然体来看。

水体被污染的程度，是用污水的水质指标来表示的。污水水质指标主要有悬浮物、有机物浓度（包括 COD、BOD、TOC、TOD 等）、pH、细菌总数、有毒物质浓度 5 类。此外，温度、颜色、放射性浓度等也是反映水体污染情况的指标。

水体的污染源主要包括点源和面源两种形式。点源指工业污染源和生活污染源，面源主要指农村污水和灌溉水。此外，由于地质溶解作用以及降水对大气淋洗而使污染物进入水体，也是一种面源。

对水体污染有较大影响的共有 10 种污染物：耗氧污染物、植物营养物、农药、重金属、石油、难降解有机物、悬浮物、酸碱及无机盐、放射性物质、病原微生物。

工业污水一般悬浮物、有机化合物含量高，pH 变化幅度大，有毒物质含量多；生活污水一般有机物质、植物营养物含量高，易产生恶臭，含多种有害微生物；农村污水和灌溉水则主要含植物营养物和农药。

（一）淡水水域污染

1．污染现状

人类的活动会使大量的工业、农业和生活废弃物排入水中，使水体受到污染。目前，全世界每年有 4 200 多亿 m^3 的污水排入江河湖库，污染了 5.5 万亿 m^3 的淡水，相当于全球径流总量的 14%以上。日趋加剧的水污染，已对人类的生存安全构成重大威胁，成为人类健康、经济和社会可持续发展的重大障碍。据统计，由于水污染，全球每年约有 5 000 万儿童死亡，3 500 万人患心血管疾病，7 000 万人患结石病，9 000 万人患肝炎。在发展中国家，各类疾病有 8%是因为饮用了不卫生的水而传播的，每年因饮用不卫生水至少造成全球 2 000 万人死亡，因此，水污染被称作“世界头号杀手”。

《2022 中国生态环境状况公报》指出：地表水环境质量持续向好，水质优良（Ⅰ～Ⅲ类）断面比例为 87.9%，比 2021 年上升 3.0 个百分点，实现“十三五”以来“七连升”；劣Ⅴ类断面比例为 0.7%，比 2021 年下降 0.5 个百分点。长江、黄河、珠江、松花江、淮河、海河、辽河七大流域和浙闽片河流、西北诸河、西南诸河主要江河Ⅰ～Ⅲ类水质断面比例为 90.2%，比 2021 年上升 3.2 个百分点；劣Ⅴ类水质断面比例为 0.4%，比 2021 年下降 0.5 个百分点。

近年来，我国发生了一些水污染事件，2005 年 11 月 23 日，松花江水体污染使哈尔滨 400 万市民停水数天；2007 年 5 月 28 日，太湖蓝藻暴发生造成无锡市 200 万人口的供水危机；2007 年 6 月 22 日，清江污染引发湖北宜都全市暂停供水。一连串的水污染危机事件说明，我国已经进入了水污染密集爆发的阶段。水污染问题已经严重威胁到人民的日常生活。

2．水体污染的危害

（1）危害人的健康。水体受污染后，通过饮水或食物链，有毒污染物进入人体，使人产生急性或慢性中毒。砷、铬、铵类、苯并[*a*]芘等，还可诱发癌症。被寄生虫、病毒或其他致病菌污染的水，会引起多种传染病和寄生虫病。世界上 80%的疾病与水有关，伤寒、霍乱、胃肠炎、痢疾、传染性肝类等疾病，均由水的不洁引起。

（2）对工农业生产的危害。水质污染后，工业用水必须投入更多的处理费用，造成资源、能源的浪费。农业使用污水，使大片农田遭受污染，降低土壤质量，农作物品质降低、减产，甚至使人畜受害。

（3）富营养化的危害。含有大量氮、磷、钾的污水污染水体，促进水中藻类丛生，植物疯长，使水体通气不良，溶解氧下降，甚至出现无氧层，这种现象称为水的富营养化。水的富营养化最终导致水生植物大量死亡，水面发黑，水体发臭，形成“死湖”“死河”“死海”，进而变成沼泽。

3．水污染的防治

（1）强化对饮用水水源取水口的保护。

（2）加大城市污水和工业废水的治理力度。

（3）加强公民的环保意识。

（4）实现废水资源化利用。

（二）海洋污染

《联合国海洋法公约》（The UN Convention on the Law of the Sea）中对海洋污染的定义：人类直接或间接把物质或能量引入海洋环境，其中包括河口湾，以至造成或可能造成损害生物资源和海洋生物，危害人类健康，妨碍包括捕鱼和海洋的其他正当用途在内的各种海洋活动，损坏海水使用质量和减损环境优美等有害影响。

《2022 中国生态环境状况公报》指出：管辖海域海水水质总体稳定。夏季一类水质海域面积占管辖海域面积的 97.4%，比 2021 年下降 0.3 个百分点。全国近岸海域水质总体保持改善趋势，优良（一、二类）水质海域面积比例为 81.9%，比 2021 年上升 0.6 个百分点；劣四类水质海域面积比例为 8.9%，比 2021 年下降 0.7 个百分点。

1．海洋污染物的分类

（1）污染海洋的物质众多，从形态上分为废水、废渣和废气。

（2）根据污染物的性质和毒性，以及对海洋环境造成的危害方式，大致可以把污染物分成以下几类：石油及其产品、重金属和酸碱、农药、有机物质和营养盐类、放射性核素、固体废物和废热。

2．污染物进入海洋的途径

各种污染物可以从陆地排入海洋，也可以由海上直接进入，或者通过大气输运到海洋。

陆地污染源：河流沿岸的城市和工矿企业将污染物排入河道，再由河水输入海洋；海滨城市和临海工厂通过排污管将污水排入海；沿海油田散落在地表的石油，或者沿海农田喷洒的化肥和农药，被地表径流或雨水冲刷入海。

海上污染源：船舶向海里排放含油的压舱水、洗舱水、机舱污水和生活垃圾；海上平台排出的含油污水和钻井泥浆；船舶和平台发生事故时的溢油；航道疏浚挖出的疏浚物等。

通过大气输入海洋的污染物数量也不少。有机氯农药在喷洒到农田后，很容易挥发到大气中，随风吹到海洋上空，经沉降或被雨水携带入海；在陆地燃烧过程中产生的一些重金属也会通过大气进入海洋。

3．海洋污染的特点

由于海洋的特殊性，海洋污染与大气污染和陆地污染有很多不同，其突出的特点有以下四个方面。

（1）污染源广。除人类在海洋的活动外，人类在陆地和其他活动方面产生的各种污染物，也会通过江河径流入海或通过大气扩散和雨雪等降水过程，最终都汇入海洋。

（2）持续性强。海洋是地球上地势最低的区域，不可能像大气和江河那样一次暴雨或一个汛期使污染得以减轻，甚至消除。一旦污染物进入海洋后，很难再转移出去，不能溶解和不易分解的物质在海洋中越积越多，通过生物的浓缩作用和食物链传递，对人类造成潜在威胁。

（3）扩散范围广。全球海洋是相互连通的一个整体，一个海域出现的污染，往往扩散到周边海域，甚至扩大到邻近大洋，有的后期效应还会波及全球。

（4）防治难、危害大。海洋污染有很长的积累过程，不易及时发现，一旦形成污染，需要长期治理才能消除影响，且治理费用较大，造成的危害会波及各个方面，特别是对人体产生的毒害，更是难以彻底清除干净。

4．海洋污染的危害

（1）污染使局部海域水体富营养化，影响海洋生物的正常生活生长。

（2）污染使海洋生物聚积毒素，通过食物链影响人体健康。

（3）污染使海产大大减少，危及人类的食物来源。

（4）污染毒害海洋中大量的浮游生物，造成它们死亡，使海洋重要的吸收二氧化碳的功能减弱，加速地球上温室效应的发展。

（5）污染极大地伤害海洋生物的健康，使它们发生畸变、不育以致种群灭绝，由此破坏整个海洋生态。

三、土壤污染

土壤是指陆地表面具有肥力、能够生长植物的疏松表层，其厚度一般在 2 m 左右。土壤不但为植物生长提供机械支撑能力，而且能为植物生长发育提供需要的水、肥、气、热等肥力要素。

土壤是陆地一切植物生长的载体，是人类赖以生存发展的基础，没有一个安全的土壤环境，就等于毁灭人类自己。土壤是陆地各种污染物的最终“宿营地”，世界上 90%的污染物最终都滞留在土壤内，并且通过生物的新陈代谢直接影响农作物的生长和产品质量，通过食物链危及人体健康。

近年来，随着人口急剧增长，人类对土地资源的过度开发，导致土地质量下降、生产能力退化。而在农业生产中施用化肥与农药以及如生长激素等化学物质，土壤中某些成分含量过高，致使其物理、化学和生物学性质发生变化，土壤功能受到损害，微生物活动受到影响，土地肥力下降，影响农作物的产量与品质，威胁人类的健康，也影响经济的发展。

1. 土壤污染

当土壤中含有害物质过多，超过土壤的自净能力，就会引起土壤的组成、结构和功能发生变化，微生物活动受到抑制，有害物质或其分解产物在土壤中逐渐积累，通过“土壤→植物→人体”或“土壤→水→人体”间接被人体吸收，达到危害人体健康的程度，称为土壤污染。

2. 土壤污染源

土壤污染源主要是人为污染源。土壤污染的主要来源包括：

（1）工业生产：工业活动产生的废气、废水和固体废物都可能对土壤造成污染。

（2）农药和化肥的施用：过度或不当的施用会对土壤造成长期影响。

（3）日常生活垃圾和废水：城市生活产生的大量垃圾和未经处理的废水也会对土壤造成污染。

（4）重金属和其他有毒有害物质：如铅、镉、砷等，它们可以通过多种途径进入土壤，并对环境造成长期危害。

3．土壤污染物

土壤污染物的来源广、种类多，土壤污染物可分为下列4类：

（1）化学污染物：包括无机污染物和有机污染物。前者如汞、镉、铅等重金属，过量的氮、磷植物营养元素以及氧化物和硫化物等，后者如各种化学农药、石油及其裂解产物，以及其他各类有机合成产物等。

（2）物理污染物：指来自工厂、矿山的固体废弃物如尾矿、废石、粉煤灰和工业垃圾等。

（3）生物污染物：指带有各种病菌的城市垃圾和由卫生设施（包括医院）排出的废水、废物以及厩肥等。

（4）放射性污染物：主要存在于核原料开采和大气层核爆炸地区，以锶和铯等在土壤中生存期长的放射性元素为主。

4．污染物进入土壤的途径

（1）污水灌溉。用未经处理或未达到排放标准的工业污水灌溉农田，使污染物直接进入土壤。

（2）酸雨和降尘。工业排放的 SO_2、NO_2 等有害气体在大气中发生反应而形成酸雨，以自然降水形式进入土壤，引起土壤酸化。工业烟囱排放的金属氧化物粉尘，在重力作用下以降尘形式进入土壤，形成污染。

（3）汽车排气。汽油中添加的防爆剂四乙基铅随废气排出污染土壤，行车频率高的公路两侧常形成明显的铅污染带。

（4）向土壤倾倒固体废物。

（5）过量施用农药、化肥。

5．土壤污染的危害

土壤污染除导致土壤质量下降、农作物产量和品质下降外，更为严重的是土壤植物对污染物具有富集作用，一些毒性大的污染物，如汞、镉等富集到作物果实中，人或牲畜食用后发生中毒（图3-1）。

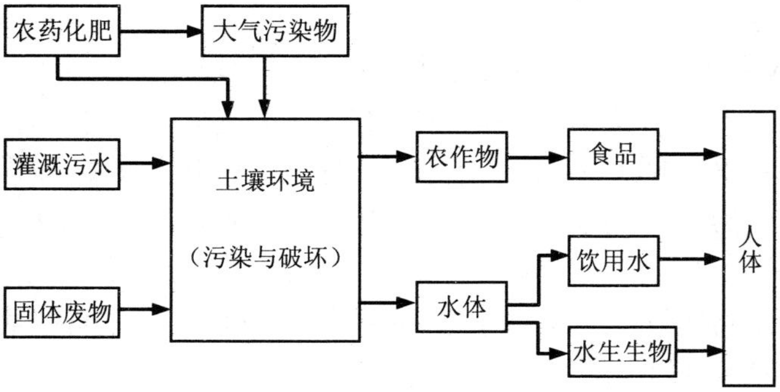

图3-1　土壤污染的危害

6. 土壤污染的特点

土壤污染具有隐蔽性、滞后性、累积性和不可逆转性。因此，土壤污染一旦发生就很难治理。

7. 我国土壤污染现状

我国土壤污染总体形势相当严峻，据估计，我国受农药、重金属等污染的土壤面积达上千万公顷，其中矿区污染土壤达 200 万 hm^2、石油污染土壤约 500 万 hm^2、固废堆放污染土壤约 5 万 hm^2，已对我国生态环境质量、食品安全和社会经济持续发展构成严重威胁。

8. 土壤污染的治理

（1）科学地进行污水灌溉。

（2）合理使用农药，重视开发高效低毒低残留农药。

（3）合理施用化肥，增施有机肥。

（4）施用化学改良剂，采取生物改良措施。

四、固体废物的危害

固体废物是环境的污染源，除了直接对环境造成污染外，还经常以水、大气和土壤为媒介污染环境。

1. 固体废物的分类

《中华人民共和国固体废物污染环境防治法》把固体废物分为三大类：工业固体废物、城市生活垃圾和危险废物。

工业固体废物是指在工业交通等生产活动中产生的固体废物，如废渣、粉煤灰、煤矸石、工业粉尘等。

城市生活垃圾是指在城市日常生活中或者为城市日常生活提供服务的活动中产生的固体废物，主要包括居民生活垃圾、医院垃圾、商业垃圾、建筑垃圾等。

危险废物是指列入《国家危险废物名录》或者根据国家规定的危险废物鉴别标准和鉴别方法认定的具有危险特性的废物。

2. 固体废物的危害

固体废物如果处置不当，对环境即时和潜在的危害很大，其危害归纳起来主要有以下几点：

（1）侵占大量土地，污染土壤。固体废物露天堆存，需要占用大量土地，一般来说，堆存 1 万 t 废物就要占地 1 亩。堆存过程中固体废物含有的有毒有害成分会随雨水渗入土壤之中，使土壤碱化、酸化、毒化，破坏土壤中微生物的生存条件，影响动植物生长发育。许多有毒有害成分还会经过动植物进入人的食物链，危害人体健康。进入土壤中的污染物随土壤水迁移扩散，使被污染的土壤面积扩大。

（2）污染大气。① 废物的细粒被风吹起，增加了大气中的粉尘含量，加重了大气的尘污染；② 堆放的固体废物中的有害成分由于挥发及化学反应等，产生有毒气体，导致大气污染。

（3）污染水体。① 大量固体废物排放到江河湖海会造成淤积，从而阻塞河道、侵蚀农田、危害水利工程；② 与水（雨水、地表水）接触，废物中的有毒有害成分被浸滤出来，污染水体，使水体发生酸性、碱性、富营养化、矿化甚至毒化等变化，危害生物和人体健康。

（4）影响环境卫生，广泛传染疾病。不作无害化处理的垃圾、粪便长期弃往郊外，会滋生蚊蝇，传播大量的病原体，引起疾病（图 3-2）。

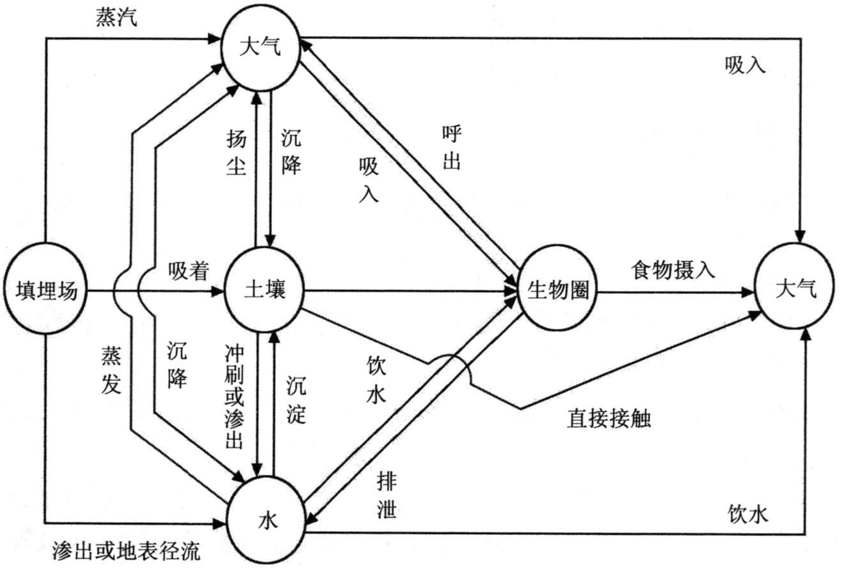

图 3-2　固体废物的危害

五、物理性污染

物理性污染是指由物理因素引起的环境污染，如放射性辐射、电磁辐射、噪声、光污染等。物理性污染程度是由声、光、热、电等在环境中的量决定的。

（一）噪声污染

噪声破坏了自然界原有的宁静，损伤人们的听力，损害人们的健康，影响了人们的生活和工作。强噪声还能造成建筑物的损害，甚至导致生物死亡。噪声已成为仅次于大气污染和水污染的第三大公害。

1. 噪声分类

（1）交通噪声：主要指各种机动车辆、飞机、火车、轮船等在行驶过程中的振动和喇叭声产生的噪声。它的特点是流动性和不稳定性。对交通干道两侧以及港口、机场附近的居民影响最大。

（2）工业噪声：指工厂的机器在运转时产生的噪声和建筑工地施工时的噪声。它的特点是具有稳定的噪声源。在工厂和工地工作的人是直接的受害者，在其附近的居民也深受其害。

（3）社会生活噪声：主要产生在商业区。另外，娱乐、体育场所，游行、集会、宣传等社会活动也会产生噪声。其他如家用电器的运转声、宠物的叫声、上下楼的脚步声、喧哗声、打闹声等，都属于社会生活噪声。

2. 噪声控制

现在世界上许多国家都通过立法颁布了噪声控制标准，对飞机和机场的噪声、城市交通噪声、建筑施工噪声、工厂机器噪声和社会生活噪声都制定了严格的噪声控制标准。如《工业企业厂界环境噪声排放标准》（GB 12348—2008）和《社会生活环境噪声排放标准》（GB 22337—2008）规定工厂、工地的噪声应不超过 85～90 dB；居民居住区，白天噪声控制在 50～60 dB，夜间噪声控制在 40～50 dB。

（二）光污染及防治

1. 光污染分类

（1）可见光污染。可见光污染比较常见的是眩光，如汽车夜间行驶时照明用的车头灯，工厂车间里不合理的照明布置，会使人的视觉瞬间下降。核爆炸时产生的强闪光，可使几千米范围内的人的眼睛受到伤害。电焊时产生的强光，如果没有适当的防护措施，也会伤害人的眼睛。长期在强光条件下工作的人（如冶炼、熔烧、吹玻璃等），也会由于强光而使眼睛受到伤害。

随着城市建设的发展，太阳光的反射造成的污染日趋严重。高大建筑物的玻璃幕墙，会产生很强的镜面反射。玻璃幕墙的光反射效应会使局部地区的气温升高，强烈的反射光使人头昏目眩，双眼难睁，不仅影响人们的正常工作和休息，而且会影响街道上的车辆行驶及行人的安全。

（2）红外线和紫外线污染。红外线是一种热辐射，对人体可造成高温伤害。较强的红外线可造成皮肤伤害，其情况与烫伤相似。人眼如果长期暴露在红外线下可能引起白内障。

紫外线对人体的伤害主要是眼角膜和皮肤。适当地和适度地接受紫外线照射，可使肌体皮下脂肪中的一种胆固醇转化成对身体有益的维生素 P12（骨化醇），但是过度照射紫外线则可能损害人体的免疫系统，导致多种皮肤损害。

2. 光污染的防护

（1）加强城市规划和管理，加强对玻璃幕墙和其他反光系数大的装饰材料的管理，减少其对城市环境的负面影响。改善工厂的照明条件，减少光污染来源。

（2）对有红外线和紫外线污染的场所采取必要的安全防护措施。

（3）个人防护。主要是戴防护眼镜和防护面罩。

（三）电磁污染及防治

（1）电磁污染源分类。影响人类生活环境的电磁污染源可分为天然的和人为的两大类。

天然的电磁污染是由某些自然现象引起的。如雷电，除了可能对电器设备、飞机、建筑物等直接造成危害外，还会在广大地区从几千赫到几百兆赫的范围内产生严重的电磁干扰。其他如火山喷发、地震、太阳黑子活动引起的磁暴等都会产生电磁干扰，这些电磁干扰对通信的破坏特别严重。

人为的电磁波污染主要有：① 脉冲放电。如切断大功率电流电路产生的火花放电，会伴随产生很强的电磁波。② 功频交变电磁场。如大功率电机变压器以及输电线附近的电磁场。③ 射频电磁辐射。如无线电广播、电视、微波通信等各种射频设备的辐射。它的特点是频率范围广、影响区域大，已成为电磁污染的主要因素。

（2）电磁污染的危害。研究表明，电磁波的频率超过 10 万 Hz 时，就会对人体构成潜在威胁。由于它无色、无味、无形，其危害性很容易被人们忽视。假如长期暴露在超过安全的辐射剂量下，就会大面积杀伤（甚至杀死）人体细胞。电磁波还会影响和破坏人体原有的电流和磁场，使人体原有的电磁场发生变异，干扰人体的生物钟，导致生态平衡出现紊乱，自主神经失调。

（四）放射性污染及防治

1. 放射性污染

放射性污染主要指人工辐射源造成的污染，如核武器试验时产生的放射性物质，生产和使用放射性物质的企业排出的核废料。另外，医用、工业用、科学部门用的 X 射线源及放射性物质镭、钴、发光涂料、电视机显像管等，会产生一定的放射性污染。

2．放射性污染的途径

（1）对大气的污染：放射性物质进入大气后，对人产生的辐射伤害通常有三种方式：① 浸没照射：人体浸没在有放射性污染的空气中，全身的皮肤会受到外照射。② 吸入照射：吸入有放射性的气体，会使全身或甲状腺、肺等器官受到内照射。③ 沉降照射：指沉积在地面的放射性物质对人产生的照射。沉降照射的剂量一般比浸没照射和吸入照射的剂量小，但有害作用持续时间长。

（2）对水体的污染：核试验的沉降物会造成全球地表水的放射性物质含量提高。核企业排放的放射性废水，以及冲刷放射性污染物的用水，容易造成附近水域的放射性污染。放射性物质污染了地表水和地下水，影响饮水水质，并且污染水生生物和土壤，又通过食物链对人产生内照射。

（3）对土壤的污染：放射性物质可以通过多种途径污染土壤。如放射性废水排放到地面上、放射性固体废物埋藏到地下、核企业发生的放射性排放事故等，都会造成局部地区土壤的严重污染。

3．放射性污染的防治

主要是控制放射性物质的来源。预防放射性污染的防治措施主要有以下几个方面。

（1）加强监测与预警：为及时发现和应对放射性污染事件，必须加强监测和预警工作。这包括建立良好的监测系统和预警机制，配备监测设备，提高技术水平，加强监测人员的培训和管理。此外，还需要加强与相关部门和机构的沟通和合作，建立信息共享机制，及时发布预警信息，减小放射性污染对环境和人体的危害。

（2）加强源头管理：预防放射性污染最有效的措施是加强源头管理。这包括加强核电站、医院、实验室、工厂等放射性物质管理，建立健全的放射性安全管理制度，加强人员培训和管理，定期检查放射性设备和材料的安全状况。此外，还需要加强对放射性废弃物的处理，避免其对环境造成污染。

（3）加强应急响应能力：即使做到了充分的预防和源头管理，放射性污染事件仍有可能发生。因此，加强应急响应能力就显得尤为重要。这包括建立健全的应急预案和应急响应机制，制订专项预案和措施，开展演练和实训，加强应急物资和设备的储备和配备。同时，需要加强应急响应的组织和协调，确保应急行动的快速有效。

（4）加强公众宣传和教育：公众的参与和支持是预防放射性污染的重要保障。因此，必须加强公众宣传和教育，提高公众对放射性污染的认识和理解，普及相关知识和技能，加强自我保护意识和能力。此外，还应鼓励公众积极参与环保行动，支持和配合相关机构和部门的监测、预警、应急和源头管理工作。

第三节 生态破坏

生态破坏是指生态平衡的破坏，或者说是生态失衡，是人类不合理地开发（如建设大型工程项目）和过度利用自然资源等，引起的生态环境的退化及由此而衍生的有关环境效应，从而对人类的生存环境产生不利影响的现象。

生态破坏造成的后果往往需要很长的时间才能恢复，有些甚至是不可逆的。

生态环境退化是指生态系统持久地完全丧失提供供给服务、调节服务与支持服务的能力。

一、土地退化

土地退化是指由于一种过程或数种过程结合使旱作农田、灌溉农田、牧场和林地生物的生产力下降或丧失。按照联合国的统计范畴，陆地生态系统的退化，即农田、森林、草地和山地生态系统的退化均属土地退化。

引起土地退化的因素包括人类活动和自然灾害，人类活动引起的土地退化包括不合理的农业土地利用和对土壤与水资源缺乏管理、森林砍伐、自然植被破坏、过度使用重型机械、过度放牧以及不合理的粮食轮作与农业灌溉等，自然灾害引起的土地退化包括干旱、洪涝和滑坡。

水土流失、土地沙化、土壤盐碱化、土地贫瘠化、土地污染和土地损毁都是土地退化的表现类型。

人口的增长，使粮食短缺成为日益显著的难题。因此，人类大规模地毁林、毁草造田、围湖造田。不合理地开荒、耕作，引起大规模的水土流失、荒漠化、风沙肆虐。2021 年，联合国发布的数据显示，全球目前 33%的土壤中度至高度退化，约 16.6 亿 hm^2，直接影响世界近一半的人口。如果不采取行动，任由土地和自然资源退化的趋势持续，到 2050 年，将有 1 600 万 km^2（相当于南美洲的面积）的土地持续退化。土地退化的主要类型依次是水蚀（56%）、风蚀（28%）、化学退化（12%）、物理退化（4%）。

我国土地退化十分严重。由于我国人口压力过大，在前期的发展过程中我国部分地区采用毁林开荒、围湖造田、草地开垦与坡耕地等不合理利用资源的方式，产生土地退化的严重后果。

1. 水土流失

据联合国粮农组织统计，地球表面形成 2～3 cm 厚的土壤可能需要长达 1 000 年的时间，但是流失速度却很快，全世界土壤侵蚀每年导致 250 亿～400 亿 t 表土流失。

水土流失直接造成作物生长、发育、成熟全过程的生理缺陷，品质降低，抗逆性弱，经不起虫、病、冻、旱、风等自然灾害，生物量明显减少。

20 世纪 80—90 年代，每年我国水土流失量达 50 亿 t 以上，相当于全国的耕地上刮去 1 cm 厚的土层，全国受水土流失的耕地约占耕地总面积的 1/3。水土流失造成河床升高，库容萎缩，湖泊变浅，甚至完全干涸。黄土高原水土流失面积 45.6 万 km^2，每年流失表土平均厚度 3.5 cm，流入黄河的泥沙 16.2 亿 t。黄河河床平均每年升高 4～12 cm，有的河段河床高出堤外地面 12 m 之多。长江流域的土壤流失也日趋严重，每年流失表土达 24 亿 t，其中 5 亿 t 被带入东海。水土流失使山体滑坡、泥石流等地质灾害频发。

近些年来，在生态文明建设背景下，我国大力推进水土流失综合治理和预防保护工作，水土流失状况得到了一定改善，但形势依然严峻。水利部最新监测数据显示，2022 年全国水土流失面积达 265.34 万 km^2，按侵蚀强度分，轻度、中度、强烈、极强烈和剧烈侵蚀面积分别占全国水土流失面积的 64.72%、16.54%、7.26%、5.43% 和 6.05%，其中中度及以上侵蚀占比 35.28%。

2．荒漠化

目前，全球荒漠化土地约有 3 600 万 km^2，全球 2/3 的国家和地区、1/4 的陆地面积都不同程度地受到荒漠化的危害，荒漠化土地仍在以每年 5 万～7 万 km^2 的速度扩张。全球近 1/5 的人口生活在受荒漠化影响的地区，其中 1.35 亿人在短期内可能失去土地。我国是世界上荒漠化土地面积较大、危害较严重的国家之一。第六次全国荒漠化和沙化调查结果显示，截至 2019 年，我国荒漠化土地 257.37 万 km^2，占国土总面积的 26.8%，涉及 18 个省（区、市），重度和极重度荒漠化土地面积占全国荒漠化土地总面积的 34%以上。荒漠化地区的土壤每年都要损失大量的有机质及氮、磷、钾等肥料，使土地肥力降低，生物生产力持续下降，粮食、牧草减产，进而耕地变成荒漠，草地变成沙漠。风沙区流沙侵袭，淹没农田、牧场、城镇、村庄、道路和水利设施，淤积河床，造成水患，污染环境。

二、植被破坏

植被是全球或某一地区对所有植物群落的泛称。植被是生态系统的基础，为动物和微生物提供了特殊的栖息环境，为人类提供食物和多种有用物质材料。植被还是气候和无机环境条件的调节者，无机和有机营养的调节和储存者，空气和水源的净化者。

植被破坏包括森林破坏和草原退化。

1．森林破坏

森林被誉为“地球之肺”。森林具有调节生物圈的 CO_2 和 O_2 的平衡；净化空气；

减低噪声；涵养水源，保持水土；调节气温，降低风速，增加降雨量的功能。对环境具有重要的调节作用。

由于人为因素和自然因素的作用，使得森林面积大幅减少。人为因素包括森林开荒、采伐、放牧，人为引起森林火灾，酸雨和生物入侵。自然因素包括森林火灾、昆虫、疾病、天气、物种之间的竞争等。

联合国粮农组织发布的数据显示，目前全球森林面积共 40.6 亿 hm^2，约占陆地总面积的 31%，人均森林面积约 0.52 hm^2。全球森林面积正在持续缩小，据估计，1990—2020 年，净损失 1.78 亿 hm^2，每年的森林砍伐量达到 1 600 万 hm^2。森林减少导致土壤流失、水灾频繁、全球变暖、物种消失等危险后果。

中国是世界上人均森林面积较少的国家。目前，我国森林面积约 2.31 亿 hm^2，森林蓄积量 194.93 亿 m^3。我国森林资源具有空间分布不均的特点，主要集中分布在东北和西南地区，而广大的西部干旱、半干旱地区大片森林退化，森林面积少。由于大力发展经济，乱砍滥伐现象严重，且对森林资源缺乏有效的管理，在中华人民共和国成立之初，我国森林覆盖率仅有 8.6%。通过实施“三北”防护林、京津风沙源治理、退耕还林等一系列重点生态工程，2022 年全国森林覆盖率达到 24.02%，森林增长成果显著。但是，目前我国整体森林覆盖率仍然低于世界平均水平，约为世界平均水平的 77%，人均森林面积仅 0.16 hm^2，不足世界人均的 1/3，人均森林蓄积量仅为世界的 1/6。森林生态仍然面临资源总量相对不足、质量不高、分布不均的困境。

2. 草原退化

草地是陆地生态系统的重要组成部分，占全球陆地（除冰盖和冰层外）总面积的 40.5%。草原生态系统中，草作为生产者，为草原上动物的存活提供了物质和能量基础，也为草原生态系统的生存与发展提供了前提条件。同时，广袤的草原具有防风固沙、涵养水源、保持水土、调节气候、维护生物多样性等重要的生态功能。但由于草原多处于干旱和半干旱的生态脆弱区，过度放牧和连年刈割等人类活动的干扰，大大超出了草原生态系统的承载力，致使草的利用速度大大超过了更新速度，草原生态系统渐渐地衰弱、瓦解，变成了荒漠、沙地。

草原退化已成为全球性的生态问题，目前全球约 49%的草原处于退化状态。我国有辽阔的草原，面积近 4 亿 hm^2，占国土面积的 40.9%。此前，我国约 90%的草原出现了退化，进入 21 世纪以来，为了恢复退化的草原，国家陆续实施了京津风沙源治理工程、退牧还草工程、退耕还林还草工程，草原全面退化的局面得到一定的遏制，但草原保护和修复的形势依旧严峻，我国仍有 70%的草原处于不同程度退化状态。

森林和草原是初级生产的承担者，森林、草原的破坏，不仅减少了固定太阳辐射的总能量，也使异养生物的栖息地受到损坏，以至于它们大量逃亡，生命力弱的物种便会灭绝。

三、生物多样性减少

自然界众多的生物和生物群落是生命保障系统中重要的组成部分，维持着地球生态平衡，是人类赖以生存和持续发展的物质基础。由于人类对自然界不合理的开发利用，造成生物多样性日趋降低，导致环境恶化，给地球和人类带来日趋严重的不良后果。

生物多样性对进化和保护生物圈的生命维持系统具有不可替代的作用。联合国《生物多样性公约》将生物多样性定义为各种生物之间的变异性和多样性，包括了基因多样性、物种多样性、生态系统多样性三个层次。其中，物种多样性是生物多样性最直观的表现形式，也是生物多样性的关键。由于生态环境的丧失、对资源的过度开发、环境污染和引进外来物种等，一些动植物和微生物物种不断消失，致使生物多样性减少。

联合国《生物多样性和生态系统服务全球评估报告》的相关数据显示，在全世界800万个物种中，多达100万个物种正因人类活动而遭受灭绝威胁，许多物种将在几十年内灭绝，全球物种灭绝的平均速度已经大大高于1 000万年前。全世界40%以上的两栖动物物种、33%的造礁珊瑚和1/3以上的海洋哺乳动物都面临灭绝风险。2022年世界自然保护联盟共公布了40余个物种灭绝的消息。有学者认为，物种、生态系统和遗传多样性的丧失已经成为人类福祉的全球性和代际性威胁。

中国是世界上生物多样性较丰富的国家之一。我国已知物种135 061种，其中高等植物种类占全球总数的10%，居世界第三位。脊椎动物7 300多种，占世界脊椎动物总种数的11%，哺乳动物686种，特有率居世界首位。中国具有全球陆地生态系统的各种类型，其中森林212类、竹林36类、灌丛113类、草甸77类、草原55类、荒漠52类、湿地13个二级地类。生态类型多样性为野生动植物栖息和繁衍创造了优越的条件，中国陆地的野生动植物有80%以上物种在森林中生存。然而，由于天然林生态系统的破坏，致使野生动物栖息繁衍地日益缩小，加上人为乱捕滥猎，导致物种数量减少和濒临灭绝。2020年发布的《中国生物多样性红色名录》显示，评估的39 330种高等植物中，受威胁特种共计4 088种，占比10.39%。评估的4 767种脊椎动物中，受威胁特种共计1 050种，占比22.02%。

纵观全球的发展近代史，由于人类对自然一味地索取、盲目征服与急功近利，引发“温室效应”“大气臭氧层受破坏”“酸雨”等一系列严重的环境问题，给人类和自然界造成了不可复原的生态浩劫。资源过度开发，环境严重破坏，生存环境亮起红灯，资源状况警报频频，人类正面临着前所未有的生存危机。

习近平总书记在党的二十大报告中指出，大自然是人类赖以生存发展的基本条件。尊重自然、顺应自然、保护自然，是全面建设社会主义现代化国家的内在要求。必须牢固树立和践行绿水青山就是金山银山的理念，站在人与自然和谐共生的高度谋划发展。

第四章　可持续发展战略

第一节　可持续发展战略的由来

伴随人类的发展，人类自身的数量和开发利用各种资源的能力都在迅猛地提高，尤其在工业革命以来，1650—1850 年，在这 200 年的时间人口增加了一倍；而 1850—1930 年，人口又翻了一番，达到 20 亿；由于生物学、地理学、地质学、农学、经济学及资源利用的工程技术学科都迅速成长起来，人类能开发和利用的资源种数提高的同时，对资源最低品位和含量的要求降低，使人类对自然发展过程的干涉能力进一步提高，人类利用资源的时间尺度第一次与人类个体生存的时间尺度出现了巨大的差异，人类在很短的时间过程中就消耗掉了大自然在数亿或数十亿年间形成和储存的金属、非金属矿产、能源矿产等，对生物资源的自然过程改变幅度也明显扩大。

当代由于人口的急剧膨胀，经济的发展、人口与资源环境的矛盾变得相当突出；人类对资源的需求量也越来越大，资源的耗竭越来越严重，尤为严重的是资源消耗的同时，向自然界排放的污染物也越来越多，环境恶化趋势有增无减；一味追求经济的发展，忽略了经济发展与资源、环境的协调，产生了一系列生态环境问题。这些使人类不得不重新认识自身与自然的关系，谋求建立人与自然和谐相处、协调发展的新模式。可持续发展理论应运而生，并被世界各国不管是发达国家还是贫穷的发展中国家普遍接受，引发在生产方式、消费方式乃至思维方式的革命性转变。

一、早期的反思——《寂静的春天》

20 世纪 60 年代，随着环境污染的日趋加重，特别是西方国家公害事件的不断发生，环境问题频频困扰人类。美国海洋生物学家蕾切尔·卡逊（Rachel Karson）在潜心研究美国使用杀虫剂所产生的种种危害之后，于 1962 年发表了环境保护科普著作《寂静的春天》。作者告诉人们："地球上生命的历史一直是生物与其周围环境相互作用的历史……，只有人类出现后，生命才具有了改造其周围大自然的异常能力。在人对环境的所有袭击中，最令人震惊的，是空气、土地、河流以及大海受到各种致命化学物质的污染。这种污染是难以清除的，因为它们不仅进入了生命赖以生存的世界，而且进入了生物组织内。”

蕾切尔·卡逊于 1907 年 5 月 27 日生于宾夕法尼亚州泉溪镇，1935 年至 1952 年间供职于美国联邦政府所属的鱼类及野生生物调查所，这使她有机会接触到许多环境问题。在此期间，她曾写过一些有关海洋生态的著作，如《在海风下》《海的边缘》和《环绕着我们的海洋》。这些著作使她获得了第一流作家的声誉。《寂静的春天》通俗浅显的术语，抒情散文的笔调，文学作品的引用，使文章读来趣味盎然，作品连续 31 周登上《纽约时报》的畅销书排行榜。还被译成法文、德文、日本文等多种文字，激励着所有这些国家的环保立法。作为环境保护的先行者，卡逊的思想在世界范围内，较早地引发了人类对自身的传统行为和观念进行比较系统和深入地反思。这本书同时引发了公众对环境问题的注意，促使环境保护问题提到了各国政府面前，各种环境保护组织纷纷成立，从而促使联合国于 1972 年 6 月 12 日在斯德哥尔摩召开了“人类环境大会”，并由各国签署了《人类环境宣言》，开始了环境保护事业。1980 年，美国第三十九任总统杰米·卡特授予她“总统自由奖”。

二、一服清醒剂——《增长的极限》

1968 年，正当工业国家陶醉于战后经济的快速增长和随之而来的“高消费”的“黄金时代”时，来自西方不同国家的约 30 位企业家和学者聚集在罗马，共同探讨了关系全人类发展前途的人口、资源、粮食、环境等一系列根本性的问题，并对原有经济发展模式提出了质疑。这批人士的聚会后来被称为罗马俱乐部。罗马俱乐部是一个非正式的国际协会，被称为“无形的学院”。其宗旨是要促进人们对全球系统各部分——经济的、自然的、政治的、社会的组成部分的认识，促进制定新政策和行动。

1972 年，受俱乐部的委托，麻省理工学院的四位年轻科学家撰写了《增长的极限》一书，第一次针对长期流行于西方的高增长理论进行了深刻反思，向人们展示了在一个有限的星球上无止境地追求增长所带来的后果。报告深刻阐明了环境的重要性以及资源与人口之间的基本联系。报告认为：由于世界人口增长、粮食生产、工业发展、资源消耗和环境污染这五项基本因素的运行方式是指数增长而非线性增长，全球的增长将会因为粮食短缺和环境破坏于下世纪某个时段内达到极限。就是说，地球的支撑力将会达到极限，经济增长将发生不可控制的衰退。因此，要避免因超越地球资源极限而导致世界崩溃的最好方法是限制增长，即“零增长”。

全书分为指数增长的本质、指数增长的极限、世界系统中的增长、技术和增长的极限、全球均衡状态五章，从人口、农业生产、自然资源、工业生产和环境污染几个方面阐述了人类发展过程中，尤其是产业革命以来，经济增长模式给地球和人类自身带来的毁灭性的灾难。书中以各种数据和图表有力地证明了传统的经济发展模式不但使人类与自然处于尖锐的矛盾之中，并将会继续不断受到自然的报复。该书还指出“改变这种增长趋势和建立稳定的生态和经济的条件，以支撑遥远未来是可能的”，而且“为达到这种结果而开始工作得愈快，他们成功的可能性就愈大”。“零增长”是罗马俱乐部发展观的核心。

尽管理论界对此仍有争议，有人甚至写过一本《没有极限的增长》来进行反驳，但这本书仍可以说是人类对今天的高生产、高消耗、高消费、高排放的经济发展模式的首次认真反思，它的论证为后来的环境保护与可持续发展的理论奠定了基础。《增长的极限》和罗马俱乐部一起成为环境保护史上的一座里程碑。

三、全球的觉醒——联合国人类环境会议

1972 年 6 月 5—16 日，联合国人类环境会议第一届会议在瑞典首都斯德哥尔摩举行。来自世界 113 个国家和地区的代表汇聚一堂，共同讨论环境对人类的影响问题。这是人类第一次将环境问题纳入世界各国政府和国际政治的事务议程。大会通过的《人类环境宣言》宣布了 37 个共同观点和 26 项共同原则。它向全球呼吁：现在已经到达历史上这样一个时刻，我们在决定世界各地的行动时，必须更加审慎地考虑它们对环境产生的后果。由于无知或不关心，我们可能给生活和幸福所依靠的地球环境造成巨大的无法换回的损失。因此，保护和改善人类环境是关系到全世界各国人民的幸福和经济发展的重要问题，是全世界各国人民的迫切希望和各国政府的责任，也是人类的紧迫目标。各国政府和人民必须为着全体人民和自身后代的利益而作出共同的努力。

作为探讨保护全球环境战略的第一次国际会议，联合国人类环境大会的意义在于唤起了各国政府共同对环境问题，特别是对环境污染的觉醒和关注。尽管大会对整个环境问题认识比较粗浅，对解决环境问题的途径尚未确定，尤其是没能找出问题的根源和责任，但是，它正式吹响了人类共同向环境问题挑战的进军号。各国政府和公众的环境意识，无论是在广度上还是在深度上都向前迈进了一步。

在周总理的安排下，中国派出恢复在联合国合法席位后规模最大的代表团，参

加本次人类环境会议。中国代表团通过会议内外的交流，开阔了视野，在回国后的总结汇报中提出了我国环境问题的严重性。1973 年 8 月 5—20 日，第一次全国环境保护会议在北京召开。第一次全国环境保护会议揭开了中国环境保护事业的序幕。会后，中央到地方相继建立环境保护机构，有关环境保护的法规先后出台，一批国外先进的环境监测仪器设备陆续引进国门。1974 年，国务院环境保护领导小组及其办公室成立，促进了全国环境保护工作的开展。

四、可持续发展的提出——《我们共同的未来》

20 世纪 80 年代伊始，联合国本着必须研究自然的、社会的、生态的、经济的以及利用自然资源过程中的基本关系，确保全球发展的宗旨，于 1983 年 3 月成立了以挪威首相格罗·哈莱姆·布伦特兰夫人（Gro Harlem Brundtland）任主席的世界环境与发展委员会（WCED）。联合国要求其负责制定长期的环境对策，研究能使国际社会更有效地解决环境问题的途径和方法。经过 3 年多的深入研究和充分论证，该委员会于 1987 年向联合国大会提交了研究报告《我们共同的未来》。

《我们共同的未来》分为“共同的问题”“共同的挑战”和“共同的努力”三大部分。报告将注意力集中于人口、粮食、物种和遗传资源、能源、工业和人类居住等方面。在系统探讨了人类面临的一系列重大经济、社会和环境问题之后，提出了“可持续发展”的概念。报告深刻指出，在过去，我们关心的是经济发展对生态环境带来的影响，而现在，我们正迫切地感到生态的压力对经济发展所带来的重大影响。因此，我们需要有一条新的发展道路，这条道路不是一条仅能在若干年内、在若干地方支持人类进步的道路，而是一直到遥远的未来都能支持全球人类进步的道路。这实际上就是卡逊在《寂静的春天》没能提供答案的、所谓的“另外的道路”，即“可持续发展道路”。布伦特兰鲜明、创新的科学观点，把人们从单纯考虑环境保护引导到把环境保护与人类发展切实结合起来，实现了人类有关环境与发展思想的重要飞跃。

作者是格罗·哈莱姆·布伦特兰夫人（Gro Harlem Brundtland），1939 年 4 月 20 日出生于挪威奥斯陆市。布伦特兰夫人 1974—1978 年任工党政府环境保护大臣，1981 年 2 月，布伦特兰夫人出任挪威首相，成为挪威历史上第一位女首相。1984 年被联合国秘书长任命为联合国环境与发展委员会主席。其后布伦特兰夫人多次出任挪威首相。1998 年 7 月至 2003 年 7 月任世界卫生组织总干事。

《我们共同的未来》中包含了两个重要内容，一是对传统发展方式的反思和否定，二是对规范的可持续发展模式的理性设计。报告指出，过去人们关心的是发展对环境带来的影响，而现在人们则迫切地感到了生态环境的退化对发展带来的影响，以及国家之间在生态学方面互相依赖的重要性。就对传统发展方式的反思和否定而言，报告明确提出要变革人类沿袭已久的生产方式和生活方式；就规范的可持续发展模式的理性设计而言，报告提出，工业应当是高产低耗，能源应当被清洁利用，粮食需要保障长期供给，人口与资源应当保持相对平衡。《我们共同的未来》对当前人类在经济发展和保护环境方面存在的问题进行了全面和系统的评价，对人类发展史进行了深刻的反思。它提出的“可持续发展”理论得到了全世界不同经济水平和不同文化背景国家的普遍认同，并为 1992 年联合国环境与发展大会通过的《21 世纪议程》奠定了理论基础。

五、重要的里程碑——联合国环境与发展大会

从 1972 年联合国人类环境会议召开到 1992 年的 20 年间，尤其是 20 世纪 80 年代以来，国际社会关注的热点已由单纯注重环境问题逐步转移到环境与发展二者的关系上来，而这一主题必须由国际社会广泛参与。在这一背景下，联合国环境与发展大会（UNCED）于 1992 年 6 月在巴西里约热内卢召开。共有 183 个国家的代表团和 70 个国际组织的代表出席了会议，102 位国家元首或政府首脑到会讲话。大会的会徽是一只巨手托着一支鲜嫩树枝的地球，它向人们昭示“地球在我们手中”。这次会议的宗旨是回顾第一次人类环境大会召开后 20 年来全球环境保护的历程，敦促政府和公众采取积极措施协调合作，防止环境污染和生态恶化，为保护人类生存环境而共同作出努力。会议通过了《里约环境与发展宣言》（又名《地球宪章》）和《21 世纪议程》两个纲领性文件。此外，各国政府代表还签署了联合国《气候变化框架公约》等国际文件及有关国际公约。可持续发展得到世界最广泛和最高级别的政治承诺。这是联合国成立以来规模最大、级别最高、与会人数最多、筹备时间最长、影响最深远的一次国际会议，是人类环境与发展史上的一次盛会。在这次会议上，包括中国在内的广大发展中国家发挥了主导作用。在发展中国家的努力下，会议同意把发达国家对全球环境恶化现货、提供资金并以优惠条件转让环境无害技术等主要原则写进了会议文件，这为环境与发展领域的国际合作开创了良好的局面。这次会议反映出人们的环境意识普遍提高，环境保护与经济发展密不可分的道理已被越来越多的人所接受。

我国政府十分重视和支持这次会议，除了派出政府代表团外，国务院总理李鹏

出席会议并发表重要讲话。我国政府还签署了两个公约。中国政府在环发大会后不久即提出了促进中国环境与发展的“十大对策”，其中对策 8 为“加强环境教育，不断提高全民族的环境意识”，并在 1994 年公布了《中国 21 世纪议程》，其第 6 章为“教育与可持续发展能力建设”，要求“加强对受教育者的可持续发展思想的灌输……将可持续发展思想贯穿于从初等到高等的整个教育过程中”。

以这次大会为标志，人类对环境与发展的认识提高到了一个崭新的阶段。大会为人类高举可持续发展旗帜，走可持续发展之路发出了总动员，使人类迈出了跨向新的文明时代的关键性一步，为人类的环境与发展矗立了一座重要的里程碑。

第二节 可持续发展战略的内涵与特征

一、可持续发展的定义

持续（sustain）一词来源于拉丁语“sustenere”，意思是“维持下去”或“保持继续提高”。“发展”一词，传统的含义指的只是经济领域的活动，其目标是产值和利润的增长、物质财富的增加。可持续发展的概念来源于生态学。“可持续发展”一词在国际文件中最早出现于 1980 年由国际自然保护同盟制订的《世界自然保护大纲》，指的是对于资源的一种管理战略。其后被广泛应用于经济学和社会学范畴，加入了一些新的内涵。

可持续发展最有影响的定义是 1987 年由挪威首相布伦特兰夫人任主席的联合国世界环境与发展委员会的报告《我们共同的未来》中的定义：“既满足当代人的需要，又不对后代人满足其需要的能力构成危害的发展”。这一定义得到各国政府、学者的广泛接受。其内容不仅限于经济增长，还广泛涉及了实现人类福利，满足人类需求，它意味着将经济增长、环境保护和社会正义结合起来，使之和谐共存。我国学者对这一定义作了如下阐释与补充：可持续发展既不是单纯的经济发展或社会发展，也不是单纯的生态持续，而是以人为中心的自然与经济复合系统的可持续。以此为出发点，可持续发展是人类能动地调控自然—经济—社会复合系统，在不超越资源与环境承载能力的条件下，促进经济发展、保持资源永续利用和提高生活质量，既满足当代人的需要，又不损害后代人满足其需要的能力。

二、可持续发展的内涵

可持续发展的内涵有两个最基本的方面，即发展与持续性，发展是前提，是基础，持续性是关键。发展应理解为两方面：首先，它至少应含有人类社会物质财富的增长，因此经济增长是发展的基础。其次，发展作为一个国家或区域内部经济和社会制度的必经过程，它以所有人的利益增进为标准，以追求社会全面进步为最终目标。持续性也有两方面意思：首先，自然资源的存量和环境的承载能力是有限的，这种物质上的稀缺性与经济上的稀缺性相结合，共同构成经济社会发展的限制条件。其次，在经济发展过程中，当代人不仅要考虑自身的利益，而且应该重视后代人的利益，既要兼顾当代人的利益，又要为后代发展留有余地。

可持续发展是发展与可持续的统一，两者相辅相成，互为因果。放弃发展，则无可持续可言，只顾发展而不考虑可持续，长远发展将丧失根基。可持续发展战略追求的是近期目标与长远目标、近期利益与长远利益的最佳兼顾，经济、社会、人口、资源、环境的全面协调发展。可持续发展涉及人类社会的方方面面。走可持续发展之路，意味着社会的整体变革，包括社会、经济、人口、资源、环境等诸多领域在内的整体变革。发展的内涵主要是经济的发展、社会的进步。

可持续发展包括如下理论内涵，可概括为“一个主题，两个关系，三个原则”：

（1）确定一个主题，那就是发展。可持续发展以发展为核心，通过发展来不断满足当代人和子孙后代对于物质、能量、信息、文化的需求。可持续发展鼓励经济增长，同时更追求改善经济增长的质量。只有发展才能摆脱贫困，提高生活水平。特别是对于发展中国家，生态环境恶化的根源是贫困。只有发展才能为解决生态危机提供必要的物质基础，才能最终打破贫困加剧和环境破坏的恶性循环。

（2）规范两个关系。可持续发展这个宏大的命题，归结起来就是要实现人与自然之间以及人与人之间关系的和谐，因此，必须规范这两个关系。其一是规范人与自然之间关系，人与自然的相互适应和协同进化是人类文明发展的“必要条件”。人类的发展主要依赖于可再生资源的永续利用，自然资源的永续利用是经济社会可持续发展的物质基础。人类要发展，必须保护自然资源和生态环境。所以要规范人类的生产和消费方式，不能超越资源与环境的承载能力。其二是规范人与人之间关系，人与人之间和衷共济、平等互助、互律和共律地在当代人和后代人之间公平地占有和使用资源，是人类文明得以延续的“充分条件”。所以要规范当代人之间、当代人与后代人之间对于资源的使用和占有以及发展成果的分配，消除贫困和社会不公。

（3）遵循三个原则。一是持续性原则。即人类的经济和社会活动不能超越自然资源与环境的承载能力。这意味着人类的发展和需要要以人类赖以生存的物质基础——自然资源和环境的承受能力为限度。人类的经济社会活动必须在不破坏环境的前提下进行。这就要求我们慎重地对待环境与资源问题，冷静地制定资源开发战略，理性地保持生态健康。可持续发展以永续利用资源和创造、维护良好的生态环境为重要标志。可持续发展要以保护自然为基础，与资源和环境的承载能力相协调，树立起一种生态文明。二是公平性原则。强调发展的社会公平性，这里的社会公平包括代内公平和代际公平。所谓代内公平，就是说在当代人中，要使发展满足全体人民的需要，而不是只满足部分人的需要。使每个社会成员都享受到发展带来的实惠。这就要求在社会财富的分配上和社会福利的分享上以及在人的全面发展方面保持公平，即生存和发展权的公平性。是所谓代际公平，就是当代人与后代人在生存和发展权利上的公平性。代与代之间依照公平合理的原则分配和使用属于全人类的资源与环境。当代人的发展不能损害和牺牲后代人的利益，要让后代人也享有自然资源和健康的生态环境的使用权。三是共同性原则。强调可持续发展是宏观性、全局性和战略性问题，是一个国家或地区乃至全球性问题。面对宏观性、全局性的环境和生态危机，人们是“有福同享，有难同当”，谁也不能置身事外，因为只有一个地球。因此要强调发展的统筹，对于一个国家而言，包括地区之间、部门之间、城乡之间的统筹，对于一个地区或部门，在发展上要顾全大局，以全局的可持续发展为前提。要加强合作，不能以邻为壑。

三、可持续发展的特征

（1）可持续发展鼓励经济增长，因为它体现国家实力和社会财富。可持续发展不仅重视增长数量，更追求改善质量、提高效益、节约能源、养活废物，改变传统的生产和消费模式，实施清洁生产和文明消费。

（2）可持续发展要以保护自然为基础，与资源和环境的承载能力相适应。因此，发展的同时必须保护环境，包括控制环境污染，改善环境质量，保护生命保障系统，保护生物多样性，保持地球生态的完整性，保证以持续的方式使用可再生资源，使人类的发展保持在地球承载能力之内。

（3）可持续发展要以改善和提高生活质量为目的，与社会进步相适应。可持续发展的内涵均应包括改善人类生活质量，提高人类健康水平，并创造一个保障人们享有平等、自由、教育、人权和免受暴力的社会环境。

可持续可总结为三个特征：生态持续、经济持续和社会持续。它们之间互相关联而不可侵害。孤立追求经济持续必然导致经济崩溃；孤立追求生态持续不能遏制全球环境的衰退。生态持续是基础，经济持续是条件，社会持续是目的。人类共同追求的应该是自然—经济—社会复合系统的持续、稳定、健康发展。

第三节　可持续发展的实施

一、可持续发展指标体系

1. 联合国可持续发展指标体系

联合国可持续发展指标体系由驱动力指标、状态指标、响应指标构成。驱动力指标主要包括就业率、人口净增长率、成人识字率、人均实际 GDP 增长率、人均能源消费量、温室气体等大气污染物排放量等；状态指标主要包括贫困度、人口密度、人均居住面积、二氧化硫等主要大气污染物浓度等；响应指标主要包括人口出生率、教育投资占 GDP 的比率、再生能源的消费量与非再生能源消费量的比率、环保投资占 GDP 的比率等。

首先，由于不同国家之间的差异，整个指标体系要涵盖各国的情况，难免挂一漏万，甚至以偏概全，从而有可能与具体国家的实际情况相差甚远；其次，由于可持续发展的内容涉及面广且非常复杂，人们对它的认识还在不断加深，要建立一套无论从理论上还是从实践上都比较科学的指标体系，尚需要进行深入的研究和探讨。因此该指标体系只能为我们提供参考。

2. 衡量国家（地区）财富的新标准

国内生产总值是基于市场交易量的常用经济增长测度，是许多宏观经济政策分析与决策的基础。但是，从可持续发展的观点看，它存在着明显的缺陷，如忽略收入分配状况、忽略市场活动以及不能体现环境退化等。为了克服其缺陷，使衡量发展的指标更具科学性，不少权威的世界性组织和专家学者都提出了一些衡量发展的新思路。1995 年，世界银行颁布了一项衡量国家（地区）财富的新标准，即一个国家的国家财富由 3 个主要资本组成：人造资本、自然资本和人力资本。人造资本为通常经济统计和核算中的资本，包括机械设备、运输设备、基础设施、建筑物等人工创造的固定资产；自然资本指的是大自然为人类提供的自然财富，如土地、森林、空气、水、矿产资源等。可持续发展就是要保护这些财富，至少应保证它们在安全的或可更新的范围之内。该方法更多地纳入了绿色国民经济核算的基本概念，特别是纳入了资源和环境核算的一些研究成果，通过对宏观经济指标的修正，试图从经济学的角度去阐明环境与发展的关系，并通过货币化度量一个国家或地区总资本存量（或人均资本存量）的变化，以此来判断一个国家或地区发展是否具有可持续性，能够比较真实地反映一个国家和地区的财富。世界银行发布的《国民财富变化：2021》报告通过衡量可再生自然资本（如森林、农田和海洋资源）、不可再生自然资本（如矿物和化石燃料）、人力资本（个人终生收入）、生产资本（如建筑物和基础设施）和国外净资产的经济价值，跟踪1995—2018年146个国家的财富变化，发现全球财富整体增长，但以牺牲未来繁荣和加剧不平等为代价。在全球范围内，可再生自然资本（森林、农田和海洋资源）的总财富占比正在下降，并进一步面临气候变化的威胁。

3．人文发展指数

联合国开发计划署（UNDP）于1990年5月在第一份《人类发展报告》中，首次公布了人文发展指数（HDI），以衡量一个国家的进步程度。它由收入、寿命、教育三个衡量指标构成。“收入”是指人均GDP的多少；“寿命”反映了营养和环境质量状况；“教育”是指公众受教育的程度，也就是可持续发展的潜力。收入通过估算实际人均国内生产总值的购买力来测算；寿命根据人口的平均预期寿命来测算；教育通过成人识字率（2/3权数）和大、中、小学综合入学率（1/3的权数）的加权平均数来衡量。

HDI强调了国家发展应从传统的以物为中心转向以人为中心，强调了追求合理的生活水平而并非对物质的无限占有，向传统的消费观念提出了挑战。HDI将收入与发展指标相结合，人类在健康、教育等方面的社会发展是对以收入衡量发展水平的重要补充，倡导各国更好地投资于民，关注人们生活质量的改善，这些与可持续发展原则相一致。

4．绿色GDP

绿色GDP，是指一个国家或地区在考虑了自然资源（主要包括土地、森林、矿产、水和海洋）与环境因素（包括生态环境、自然环境、人文环境等）影响之后经济活动的最终成果，即将经济活动中所付出的资源耗减成本和环境降级成本从GDP中予以扣除。改革现行的国民经济核算体系，对环境资源进行核算，从现行GDP中扣除环境资源成本和对环境资源的保护服务费用，其计算结果可称为“绿色GDP”。绿色GDP这个指标，实质上代表了国民经济增长的净正效应。为了把环境因素并入经济分析，联合国在SNA-1993中心框架基础上建立了综合环境经济核算体系（Integrated Environmental and Economic Accounting，SEEA）作为SNA的附属账户（又称卫星账户），目前SEEA-2003版本也已正式公布。SEEA-2003是在SEEA-1993基础上修订完成的，也是对SEEA-1993实践应用的经验总结。SEEA-2003对综合环境经济核算体系进行了全面阐述，详细说明了将资源耗减、环境保护和环境退化等问题纳入国民经济核算体系的概念、方法、分类和基本准则，构建了综合环境经济核算的基本框架；其宗旨在于以环境调整的国民财富、国内生产总值、国内净产出和资本积累等宏观经济指标支持社会、经济和环境综合决策，是衡量可持续发展、为实施可持续发展战略提供信息支持的基本手段。2012年和2021年，联合国又先后发布了《2012 年环境经济核算体系：中心框架》（SEEA CF）和《环境经济核算体系：生态系统核算》（SEEA EA），生态系统核算开始在环境经济核算体系下形成了独立的核算体系。

为了树立和全面落实全面、协调、可持续发展观，建立资源节约型和环境友好型社会，加快实现环境保护的“三个转变”，国家环境保护总局和国家统计局于 2004 年 3 月联合启动了《中国绿色国民经济核算（简称绿色 GDP 核算）研究》项目，并于 2005 年开展了全国十个省市的绿色国民经济核算和污染损失调查评估试点工作，最终提交了《中国绿色国民经济核算研究报告（2004）》。后又推出了绿色 GDP 核算的 1.0 版本（经环境调整后的生产总值 GGDP/EDP）、2.0 版本（生态系统生产总值 GEP）和 3.0 版本（经济生态生产总值 GEEP），研究制定了核算的指标体系、方法、数据来源等内容要求。但由于环境经济核算是一项复杂的系统工程，还存在许多值得探索的地方，目前尚未得到广泛应用。

5. 国际竞争力评价体系

国际竞争力评价体系由世界经济论坛和瑞士国际管理学院共同制定。目前国家竞争力评价体系的总体结构是 2001 年推出的。该体系由经济运行、政府效率、商务效率和基础设施 4 个竞争要素组成，每个竞争要素又分解为 5 个子要素。2022 年的世界竞争力年度报告就主要根据这 4 大要素、20 个子要素，综合了 335 项指标对各个经济体进行评价。

该评价体系比较全面地评价和反映一个国家的整体水平，不仅包括现实的竞争能力，还预示潜在的竞争力，从而揭示未来的发展趋势。它不仅为各国制定经济政策提供了重要参考，而且对整个社会经济的发展具有重要导向作用。国际竞争力评价系统的权威性已得到世界公认，并为各国政府所重视。

二、《21 世纪议程》

以联合国环境与发展大会为标志，人类对环境与发展的认识提高到了新的阶段，可持续发展的实践活动也开始在全球范围内普遍展开。1992 年环境与发展大会上通过的全球《21 世纪议程》正是贯彻实施可持续发展战略的人类活动计划。该文件虽然不具有法律的约束力，但它反映了环境与发展领域的全球共识和最高级别的政治承诺，提供了全球推进可持续发展的行动准则。

《21 世纪议程》涉及人类可持续发展的所有领域，提供了 21 世纪如何使经济、社会与环境协调发展的行动纲领和行动蓝图。整个文件分 4 个部分，共计 40 多万字。

第一部分，经济与社会的可持续发展。包括加速发展中国家可持续发展的国际合作和有关的国内政策、消除贫困、改变消费方式、人口动态与可持续能力、保护和促进人类健康、促进人类住区的可持续发展、将环境与发展问题纳入决策进程。

第二部分，资源保护与管理。包括保护大气层；统筹规划和管理陆地资源的方式；禁止砍伐森林、脆弱生态系统的管理和山区发展；促进可持续农业和农村的发展；生物多样性保护；对生物技术的环境无害化管理；保护海洋，包括封闭和半封闭沿海区，保护、合理利用和开发其生物资源；保护淡水资源的质量和供应——对水资源的开发、管理和利用；有毒化学品的环境无害化管理，包括防止在国际上非法贩运有毒废料、危险废料的环境无害化管理；对放射性废料实行安全和环境无害化管理。

第三部分，加强主要群体的作用。包括采取全球性行动促进妇女的发展；青年和儿童参与可持续发展、确认和加强土著人民及其社区的作用；加强非政府组织作为可持续发展合作者的作用、支持《21 世纪议程》的地方当局的倡议；加强工人及工会的作用、加强工商界的作用、加强科学和技术界的作用、加强农民的作用。

第四部分，实施手段。包括财政资源及其机制；环境无害化（安全化）技术的转让；促进教育、公众意识和培训、促进发展中国家的能力建设、国际体制安排；完善国际法律文书及其机制等。

三、中国实施可持续发展战略的努力

1992 年，中国政府向联合国环境与发展大会提交的《中华人民共和国环境与发展报告》，系统回顾了中国环境与发展的过程与状况，同时阐述了中国关于可持续发展的基本立场和观点。1992 年 8 月，中国政府制定“中国环境与发展十大对策”，提出走可持续发展道路是中国当代以及未来的选择。1994 年中国政府制定完成并批准通过了《中国 21 世纪议程——中国 21 世纪人口、环境与发展白皮书》，确立了中国 21 世纪可持续发展的总体战略框架和各个领域的主要目标。此后，国家有关部门和很多地方政府也制订了相应的部门和地方可持续发展实施行动计划。2015 年 9 月，193 个会员国在联合国发展峰会上通过了《2030 年可持续发展议程》。中国将落实 2030 年议程同执行“十三五”规划、“十四五”规划和 2035 年远景目标纲要等中长期发展战略有机结合，成立由 45 家政府机构组成的跨部门协调机制，推动多个可持续发展目标取得积极进展。

中国可持续发展重点领域的行动与成就：

（1）人口、卫生与社会保障。人口自然增长率大幅下降，进入人口高质量发展阶段。城乡居民收入持续增长，居民受教育程度和健康水平显著提高，医疗卫生服务体系不断健全。妇女与儿童事业取得明显进步，养老保险与医疗保障制度逐步完善。截至 2022 年底，中国基本养老保险参保人数 10.5 亿人，基本医疗保险参保人数超过 13 亿人。

（2）城镇化与人居环境。1992—2023 年，城镇化水平由 27.6%提高到 66.16%。

（3）区域发展与消除贫困。2020 年，中国如期完成脱贫攻坚任务，中国现行标准下 9 899 万农村贫困人口全部脱贫，832 个贫困县全部摘帽，12.8 万个贫困村全部出列。贫困人口的收入和福利水平大幅提高。

（4）农业与农村发展。政府大力提倡发展生态农业和节水农业，探索适合中国农村经济和农业生态环境协调发展的模式。推动粮农领域国际合作，促进发展中国家农业发展。

（5）工业可持续发展。积极转变工业污染防治战略，大力推行清洁生产，提高资源利用效率，减轻环境压力。工业领域能源资源利用效率持续提升，“十三五”期间，规模以上工业单位增加值能耗降低约 16%，单位工业增加值用水量降低约 40%。

（6）生态环境建设与保护。制定了全国生态环境建设规划和全国生态环境保护纲要，并逐步纳入国民经济和社会发展计划予以实施。截至 2023 年，全国共建成国家森林城市 219 个，全国约半数城市获评国家园林城市，100 多个国家级生态农业示范县和 2 000 多个生态农业示范点。中国在世界范围内率先实现了土地退化“零增长”，荒漠化土地和沙化土地面积“双减少”。90%的陆地自然生态系统类型和 74%的国家重点保护野生动植物物种得到了有效保护。

（7）能源开发与利用。重视节约能源，制定和实施了一系列节约能源的法规和技术经济政策。中国形成了全球领先的清洁能源产业体系，风电、光伏发电、大型水电技术处于国际先进水平。中国大力推进技术节能、管理节能、结构节能，推动能源利用效率持续提升。同时，中国积极参与全球能源治理，2022 年中国出口的风电光伏产品为其他国家减排二氧化碳约 5.73 亿 t，合计减排 28.3 亿 t，约占全球同期可再生能源折算碳减排量的 41%。

（8）水资源保护与开发利用。开展国家节水行动，实施水资源消耗总量和强度双控。推广农业高效节水灌溉。创建节水型城市，城市人均综合用水量持续下降，有效缓解了缺水地区的水资源供需矛盾。深入打好碧水保卫战，开展了对长江、黄河等七大流域的综合整治。城镇污水处理设施建设水平明显提高，截至 2022 年底，全国城市污水处理厂，年污水处理总量为 625.8 亿 m^3，污水处理率为 97.9%。地级及以上城市建成区黑 水体基本消除，县级城市黑 水体消除比例达 40%。

（9）土地资源管理与保护。严格划定并守住了 18 亿亩耕地保护红线严格保护耕地，保障资源供给，目前全国耕地面积达到 19.14 亿亩。在土地综合整治工作中，将耕地纳入山水林田湖草沙一体化保护和系统治理，已在全国 28 个省区市以乡镇为基本实施单元建立了 446 个试点。完善全国耕地和永久基本农田质量监测网络，加大农业面源污染防治力度，保护和改善农田环境质量。

（10）森林资源的管理与保护。实施天然林资源保护、退耕还林、京津风沙源治理、三北和长江流域防护林体系、重点地区速生丰产林建设等林业重点生态体系建设工程。1992—2022 年，森林覆盖率由 13.63%上升至 24.02%，森林面积和森林蓄积量连续保持“双增长”，是全球森林资源增长最多和人工造林面积最大的国家，为全球贡献了 1/4 的新增森林面积。

（11）草原资源管理与保护。制定并修订了草原法等法规，编制了全国草原生态保护建设规划，加强了草原资源的保护与管理。近 10 年来，完成退化草原修复治理 4 000 万 hm^2，实施草原禁牧面积 8 000 万 hm^2，草畜平衡面积 1.73 亿 hm^2，重点天然草原牲畜超载率从 23%下降到 10.09%。

（12）海洋资源的管理与保护。一是政策法规方面修订了《海洋环境保护法》，制定并实施《重点海域综合治理攻坚战行动方案》《“十四五”海洋生态环境保护规划》等方案和规划。二是加大了海洋生态保护工作力度，全国近岸海域生态环境整体改善，2022 年全国近岸海域优良水质比例达 81.9%。划定海洋生态保护红线约 15 万 km^2，深入开展“蓝色海湾”整治行动、渤海生态修复、海岸带保护修复工程、红树林保护修复等海洋生态保护修复重大项目，有效保护红树林、盐沼、海草床、珊瑚礁等多个典型海洋生态系统。三是可持续的开发海洋资源，加强生态环境友好型捕捞的应用和推广，发展海洋电力业、海洋药物、海水淡化等新兴产业。

（13）固体废物管理。2022 年，一般工业固体废物产生量为 41.1 亿 t，综合利用量为 23.7 亿 t，处置量为 8.9 亿 t，综合利用量、处置量分别占产生量的 57.6%、21.6%。综合利用率较 1992 年有了大幅提高。加快城市生活垃圾收集处理设施的建设，加强危险废物的管理。认真履行《巴塞尔公约》，严格控制危险废物的越境转移。

（14）化学品无害环境管理。通过加大化工行业产业结构和产品结构的调整力度，减少了化学物质对环境的污染。加强汞、砷和铬盐等化学品无害环境管理，采取有效的安全防范措施，清除有毒化学品生产和储运中的隐患。认真履行和积极参与化学品国际公约的活动。

（15）大气保护。划定二氧化硫和酸雨控制区，在区域内实行二氧化硫总量控制制度。通过推广洁净煤和清洁燃烧、烟气脱硫、除尘技术，以及大力发展城市燃气和集中供热，使酸雨和二氧化硫污染得到控制。优先发展公共交通，减少和控制机动车污染物排放，改善城市空气质量。认真履行《关于消耗臭氧层物质的蒙特利尔议定书》，控制和淘汰消耗臭氧层物质。积极推进工程减排和结构减排，认真落实管理减排措施，中国达到超低排放限值的煤电机组约 10.6 亿 kW，占全国煤电总装机容量 94%，已建成全球最大的清洁煤电供应体系。二氧化硫、氮氧化物等污染物排放总量大幅下降。

（16）防灾减灾。健全灾害治理体系，城市抵御自然灾害的能力持续提升。近几年各类自然灾害平均每年受灾人数、直接经济损失占国内生产总值比重较十年前分别下降了约 50%。同时，开展海绵城市建设试点，绿地及滨水空间得到扩展，防灾减灾能力有效提升。

（17）发展科学技术和教育。中国已经建成世界上规模最大的教育体系，义务教育发展均衡程度显著提高。九年义务教育巩固率达到 95.5%，中国义务教育普及程度达到世界高收入国家平均水平。

（18）信息化建设。信息基础设施建设规模全球领先。我国建成全球规模最大的光纤网络和 4G 网络，5G 网络建设速度和规模位居全球第一。信息技术创新能力持续提升。2019 年以来，我国成为全球最大专利申请来源国，5G、区块链、人工智能等领域专利申请量全球第一。

（19）地方 21 世纪议程实施。全国 25 个省（区、市）成立了地方 21 世纪议程领导小组并设立了办事机构，半数以上的省（区、市）制定了地方 21 世纪议程和行动计划。在 16 个省市开展了实施《中国 21 世纪议程》地方试点，还建立了 100 多个可持续发展实验区。各地因地制宜，积极探索可持续发展模式。

（20）公众参与可持续发展。中国各类社会团体对可持续发展战略持积极拥护的态度，妇女、科技界、少数民族、青少年、农民、工会和非政府组织积极参与可持续发展活动。据民政部门统计，全国目前共有民政注册的生态环境类社会组织约 7 000 家。

四、实施可持续发展战略的世界动向

1992 年联合国环境与发展大会后，发达国家和一些发展中国家相继对环境与发展问题做出了自己的承诺，并且已经开始实施。这里将介绍美国、欧洲联盟、日本、巴西等国家可持续发展战略动向。

（一）美国可持续发展趋势与战略动向

1993 年 6 月 29 日，美国白宫环境政策办公室发出总统令，宣布成立总统可持续发展理事会，具体负责执行 1992 年联合国环境与发展大会制定的《21 世纪议程》，起草国家可持续发展战略及行动计划框架。该理事会由 25 人组成，下设八个工作小组。总统可持续发展理事会认为，在不损害将来的前提下，发展和满足目前的需要，这就是可持续发展所包含的一切内容。他们认为：

（1）从长远观点看，经济增长与环境保护不矛盾。

（2）应有一些同时被发达国家和非发达国家接受的政策，这些政策可使发达国家经济继续增长，使非发达国家经济发展而不造成生物多样性的明显损失和主要系统的永久性损害。

（3）可持续发展应分为三种目标：① 国际可持续发展，即可持续发展是既满足当代人的需求又不损害后代人满足需求的能力的发展，主要是指发展中国家在发展经济时，不应对环境造成损害。② 发达国家的可持续发展意味着通过提高效率和改变消费模式与生活方式来减少在能源和其他自然资源消耗中的浪费现象。③ 自然的可持续发展，即将收获限制在自然系统能继续循环的程度上。

美国提出了可持续发展的四个主题：

（1）生态效率。生态效率指每单位经济增长所消耗资源和能源的数量。资源能耗越低，生态效率越高。美国可持续发展战略中第一位是追求提高生态效率。

（2）经济进步。即发展中国家要通过发展经济来消除贫困。这一主题包含两个含义：其一是应把保护环境寓于经济发展之中；其二是要考虑通过贸易政策、双边和多边援助政策促进发展中国家的经济进步。

（3）公平。一个相差悬殊的世界是不能持续的。可持续发展的公平概念包括：公平地利用和保护地球上的资源；公平地承担环境风险；公平地进行社会分配。

（4）选择。即是通过谨慎的技术选择，抑制全球变暖、臭氧层破坏、生物多样性减少等全球环境问题的发生和发展。

（二）欧洲联盟

欧洲联盟 1993 年 2 月 1 日通过了第五个环境规划，即环境与发展新战略。其主要内容是：

（1）欧洲联盟可持续发展目标。以可持续发展为指导思想，推进欧洲联盟的经济发展模式的转换为最终目的。

为此，强调以下几点：① 必须认识到人类社会和经济的发展要以保护自然资源和环境质量为基础。② 应在原样加工、消费和使用的各个阶段，推进和鼓励资源再利用的管理模式，以避免浪费和自然资源储量的耗竭。③ 应使人们意识到决不能以牺牲任何其他资源为代价，决不可只顾及自己这一代人的利益而危及后代人的安全。

欧洲联盟的第五个环境行动计划提出可持续发展需要具备下列条件：① 有效管理资源的开采与利用，鼓励再生利用，避免浪费和耗损自然资源储备。② 能源的生产与消费需进一步合理化。③ 社会本身的消费及行为方式应予改变。

（2）欧洲联盟可持续发展优先领域。

包括：① 自然资源，包括土壤、水、自然保护区及海岸带的可持续发展管理。② 综合污染控制及废物治理。③ 降低不可更新能源的消费。④ 改进交通管理，包括合理的交通规划与模式。⑤ 制定改进城市环境质量的措施。⑥ 公众健康及安全的改善，特别强调工业风险评估及管理，核安全及辐射保护。

（3）重点部门。工业、能源、交通、农业及旅游业对环境产生巨大的影响，并且对实现可持续发展起关键性作用。这些部门应采取的策略不仅是为了环境保护和公众健康，也是为了行业自身的可持续发展。

（4）措施。欧洲联盟的可持续发展措施包括立法措施、市场措施、横向支持措施和资金支持措施。市场措施是将外部环境成本内部化，使对环境有利的商品和服务在市场上与那些造成污染的或浪费较大的商品在竞争中处于有利地位。横向支持措施包括要完善可持续发展必需的基本标准、数据统计、科学研究、技术改造、地区规划、公众参与以及宣传教育和职业培训等。资金支持措施是指对于那些把环境目标建立在预防为主，并纳入欧洲联盟总政策中的环境项目，在资金上应给予足够的重视。

（三）巴西

巴西是南美洲最大的发展中国家，国土面积达 850 万 km^2，人口只有 2.15 亿。1992 年联合国环境与发展大会后，巴西从近 30 年的沧桑中悟出：社会经济发展首先要着眼于人，注重其赖以生存的土地、环境、资源并与世界经济发展大环境密不可分。巴西把社会经济稳定发展与自然供需平衡作为可持续发展战略的基础，其可持续发展的主要内容是：

（1）消除贫困。2021 年，巴西有 6 250 万人（约占全国人口 30%）受贫困威胁，其中 1 790 万人口处于极端贫困。此外，由于缺医少药，全国有 6 300 万人口受疟原虫感染，4 000 万人受血吸虫感染，500 万人携带溃疡菌。因此，巴西政府制定了向贫困层倾斜的分配政策。

（2）合理利用能源。巴西在能源利用方面规定，不能过分利用自然能源，要增加生物能，大力开展技术革新，发展节能低耗工业。

（3）建立新的交通体系。

（4）建立生态平衡经济发展区。

（5）发展农业多品种种植和食品多样化。

（6）开发多样化生物产品。

（7）强化可持续发展能力建设，包括扩大教育、培养人才，加强交流、发展科技，调整产业结构、发展高技术产业。

（四）日本

1992 年联合国环境与发展大会之后，日本政府于 1994 年初制定了《日本 21 世纪议程行动计划》，该计划通过可持续发展途径，逐步实现全球环境保护目标，为解决全球的环境问题发挥主导作用。

（1）日本工作的重点。强化可持续发展意识，进行普及教育，从环境要求的角度对国民生活方式本身进行变革；积极参加编制有关全球环境保护的国际性框架文件，并作出贡献；积极参加以改革全球环境基金为突破口的国际合作行动，建立和完善资金供给体制；在努力开发环境技术的同时，促进技术转移，通过恰当地有计划地实施政府开发援助项目，为提高发展中国家解决环境问题的能力作出贡献；全球环境问题方面，确保观测、监督与调查研究的国际合作，努力促进其实施；加强中央政府、地方公共团体、企业及非政府组织等广泛有效合作。

（2）日本关于促进发展中国家可持续发展国际合作的政策。在《日本 21 世纪议程行动计划》中，阐述了关于促进发展中国家可持续发展的国际合作问题，指出对发展中国家的资金援助政策：今后五年内，政府开发援助资金第五次中期目标达到 700 亿～750 亿美元，其中包含优惠日元贷款；使用日本海外协力基金和日本输出入银行，重点在环境保护和基础设施建设领域，有助于促进和世界银行等国际开发金融机构与国际货币基金的协调融资。在实施环境问题援助时，要遵循环境保护与经济增长并重的原则，重点援助全球环境问题的合作行动、人才培养与合作研究、基础设施建设与设备、基础生活领域和经济结构调整。

（3）日本的新阳光计划。日本制定与实施以能源开发为中心的“阳光计划”、以节能技术为中心的“月光计划”以及“地球环境开发技术”。随着全球环境问题的日益尖锐，能源的开发利用与节能等都与全球气候变暖等一系列全球环境问题紧密相连，所以在新能源开发与节能技术中应突出保护地球环境。日本通产省把前三个研究计划合并成为“新阳光计划”，从 1993 年开始至 2030 年，目的在于开发革新技术，实现能源的持续利用，解决全球环境问题。

新阳光计划包括三个技术体系：

（1）革新技术开发。这是为解决全球环境问题而开发的技术，包括太阳能电池革新技术；沥青煤炭液化等能源革新技术；超导发电机；陶瓷燃气透平革新技术；深层地热调查等。

（2）国际大型共同研究。研究内容涉及：利用氢的清洁能源系统，CO_2 固定、储存技术，岩浆发电技术等。

（3）适用技术开发。主要开发邻近发展中国家急需的适用技术，涉及燃料电池发电技术、太阳能发电技术、风力发电技术、生物能利用技术和煤炭液化技术等。

日本“新阳光计划”全部经费预计为 15 500 亿日元，力争到 2030 年使日本能源的消耗量减少 1/3，CO_2 产生量减少 1/2。

第五章　环境伦理学

第一节　概　述

一、环境伦理学定义

伦理学是关于人类社会道德现象研究的科学。伦理学是人类要求完善自己，完善他人和完善社会的道德思考。

“道者，路也。”朱熹解释为：“人所共由谓之道。”“道”语义学意义就是指人所遵循的“道路”，引申为规则、规范。伦理学意义上，“道”是处世做人的根本原则。“德者，得也。”朱熹解释为：“德者，得其道于心而不失之谓也。”“德”就是对“道”的规范的内心体认和践履，是通过修道而获得的一种内在品德。“道德”就是指通过主体内心感悟而自觉实行的行为规范的总和。

“伦理”就是指人类在社会生活中，处理人与人之间关系时所应遵循的道德行为准则。

环境伦理学是关于人与自然关系的伦理信念、道德态度和行为规范的理论体系，是一门尊重自然的价值和权利的新的伦理学。它根据现代科学所揭示的人与自然相互作用的规律性，以道德为手段从整体上协调人与自然的关系。它不是传统伦理学向自然领域的简单扩展，而是在人类反思生态环境问题的基础上产生的一门新兴学科。

二、环境伦理学产生的历史背景

1. 人与自然关系的发展历史

人是地球自然历史发展的产物，人既依赖自然而生存，又是改变自然的力量。人与自然的关系是依存、适应、冲突与和谐，人与自然关系的内涵随着人类社会的发展而发生变化。

在人类社会的初期，即狩猎和采集时期，人对自然的依赖性强，人类受自然环境的制约明显。农业时代，人类生产活动直接作用于自然客体，它的规模小、强度低，其作用较小。但人类活动对自然环境的负面影响不断加强，在区域尺度上也受到自然的惩罚，如古代巴比伦文明、埃及文明等的衰落。

在工业化时代，随着科技进步和生产力提高，人类对自然界的作用增强。人类以自然的主人自居，往往违背客观规律，酿成环境恶化、资源枯竭的苦果。如美国对中部大草原的开发，前苏联在中亚的大规模垦殖，中国农牧交错带的不合理利用等。恩格斯指出：“我们不要过分陶醉于我们人类对自然的胜利。对于每一次这样的胜利，自然都对我们进行报复。”由于地球各圈层相互作用的复杂性、长期性和潜在性，许多全球环境问题在 20 世纪初还未能被人们所普遍认识和关注。20 世纪下半叶，全球环境问题开始凸显。严酷的现实要求人们冷静地审视人类社会的发展历程，总结传统发展模式的经验与教训，寻求发展的新模式，体现人与自然关系的和谐及人类世代间的责任感。

2．环境伦理学产生的历史背景

自人类进入工业文明以来，人与自然的关系就被确立为主客体关系。在这种关系支配下，人类“征服自然”“改造自然”的意愿日益强烈，向自然无止境地掠夺。虽然经济的繁荣带来了丰裕的物质生活，但工业社会也造成了种种环境恶果。如全球气候变化、生物多样性锐减、臭氧层耗竭等全球性生态环境问题的不断加剧，正在把人类推向危险的“生存困境”。当今时代，生态环境问题已经超越了国界和意识形态，在“生存”这个最基本的层面上把人类共同的命运联系在一起。“生存还是毁灭？”这是每一个人都必须认真对待的问题。倘若我们打算继续生存下去，那就必须构建一种与自然和谐相处的新的生活方式，并用道德与法律的力量来维护这种生活方式。环境伦理学正是在这种背景下产生的。

三、建立人对自然的伦理关系的意义

人类需要建立一种人对自然的伦理关系。因为人与其他生物不同，生物只是简单地适应环境，而人类不仅能主动地适应环境，并且已经大大地改变和重建了其生存的环境。尽管这样，但从根本上讲，人类作为自然个体，只是自然的一部分，其本身就是一个自然存在物。人能够能动地改变自然，却永远不能脱离自然，人类的任何发展与进步都与自然相关，都是人类与自然和谐发展的结果。迄今为止，工业文明所建立的一切“成果”都是在自然环境中取得或发展起来的。现代人的生活虽然充满了人工色彩，但仍然依赖自然生态系统。这个系统中的所有资源，如土壤、空气、水、光合作用、气候等，对于人类来说都是生死攸关的。人类文明和大自然的命运已相互交织在一起，就如同心灵与身体一样密不可分。人类不可能像征服者那样对自然发号施令。只有维护自然系统的稳定与和谐，才能保证人类生存的幸福和繁荣。在人类作用于自然的力量迅速增长的条件下，人类更应当自觉地充任自然稳定与和谐的调节者或执行者。由自然的征服者变成自然的自觉的调节者，这是一次深刻的角色转换，实现这一角色的转换不仅需要强制性的政策法规，更需要道德的力量。人类需要一种新的伦理学，以便为人类适应这种新的角色建立起系统的道德准则和行为规范。

此外，人与自然的关系，是人类所面临的必须解决好的最基本问题。今天，随着人类所赖以生存的生态系统遭到越来越严重的破坏及环境危机的日益加剧，人们已越来越清醒地认识到，环境污染和生态失衡问题的解决，不能仅仅依赖科技的发展、经济和法律的手段，还必须同时诉诸伦理信念。只有从价值观上摆正了大自然的位置，并在人与自然之间建立一种新型的环境伦理关系，人们才能明确地认识到人对大自然的责任和义务，把尊重和爱护大自然的意识融入自己的行动中，从道德上关怀我们周围的环境，环境问题才有可能从根本上得到解决。

第二节　当代环境伦理学理论的主要流派

当代的环境伦理学虽然相对来说是一个比较年轻的学科，但它却是一个包含着多种思想倾向和思想流派的多元化的理论体系。依据其所确认的道德义务和伦理关怀的范围，可以把当代的环境伦理学理论区分为四个主要流派，即开明的人类中心主义、动物解放/权利论、生物平等主义、生态整体主义。

一、开明的人类中心主义

人类中心主义强调的是以人为中心，世间的万物均为我所用；人类是地球的主宰者，不对除人之外的万物讲道德和伦理的关系；人类可以为了自己的目的，任意剥削动物的生存权而没有愧疚之感。这种观点在历史上被许多历史学家、哲学家、知识分子等批判为“生态危机的历史根源”。致使数千年来，人们认为自然屈从于人类或被人类使用，正是人类肆意驱使和过度使用自然，才造成了今日严重的生态浩劫与环境危机。由此可见，持这种观点的人类中心主义者，在当今文明高度发展的今天看来，是狭隘的人类中心主义者。环境伦理学认为，它是导致当代环境问题的根源，其主要表现为：人类主宰论、代际主义、科学万能论和盲目乐观主义等不切实际的人类行为。因此，人类要想使全球环境恶化的趋势得到有效的遏制，就必须首先抛弃狭隘的人类中心主义，接受开明的人类中心主义。

在开明的人类中心主义看来，地球环境是所有人的共同财富，地球上的任何人均不可能置生态系统的稳定和平衡于不顾。人类需要公平分配地球资源，并做到有序合理地使用或利用资源，给我们的子孙后代留下一个良好的生存空间。我们知道，地球资源的承载力是有限的，为了维护地球的生态平衡，当代人不能为了某种利益而透支后代人的环境资源。人类必须节制其空前膨胀的物质欲望，发达国家不能为了局部利益而置生态系统稳定与平衡于不顾。他们有责任帮助不发达国家的环境保护事业，并与之建立可持续发展的战略，共同建立合理而又有序的、以所有国家平等为基础的环境利益共同体，使所有人的基本利益、人权能够得到有效的保证，使人人都能享有一种充满自由与尊严的幸福生活。总之，人类必须学会作为一个整体生活在地球上，充分意识到环境污染与生态失衡的问题是人类在自身发展中不注重环境保护的结果。如自然屈从于人类，为人类所有，人类有权利使用自然的欲望，激起人类最大的剥削性和破坏性的本能，造成了今日严重的生态浩劫与环境危机。人类要解决现有的环境污染的问题，除了发展科技、经济和法律的手段外，还必须建立环境伦理学的信念，以它为基础，环境保护才能从肤浅走向成熟，环境保护事业才可能持续发展。

二、动物解放/权利论

以辛格（Peter Singer）等为代表的动物解放论从功利主义伦理学出发，倡导平等地对待生命个体及其利益，并从道德的角度考虑生命主体本身具有的价值，认为人们之所以要保护动物，是由于动物和人一样，拥有不可侵犯的权利。我们知道，动物和人类一样，同样具有感受“苦乐”的权利，人类要充分地考虑动物的“苦乐”行为，就必须从道德上接受动物的“苦乐”行为。因此，人类有义务停止我们给动物带来苦乐的一切不道德行为。生命的主体都具有传承的或天赋的价值（inherent value：即生命主体的特征是有生命、有意识，具有感觉和思维，具有能实现自己意愿的能力，拥有一种伴随着痛苦和快乐的生活，以及能独立于他人的个体幸福生活），值得人类尊重，因此所有动物都应被给予道德的考虑。只有这样，人类才会从价值观上肯定野生动植物和人类一样具有不可剥夺的“权利”与“价值”，才能避免人类对自然生物的进一步伤害，并使人类承担起保护自然的伦理责任。

随着人类文明社会发展，人类与动物或者动物间发生的冲突越来越激烈，究其原因主要是人类在发展经济的同时，过度地开发地球资源从而破坏了动物的生存地，使动物的生存环境受到了空前的危害；动物与动物之间的冲突，主要表现在动物间为了获取更大生存权的利益冲突，其冲突的结果是弱肉强食、适者生存的自然法则。为了解决动物间的冲突，动物解放论提出了协调不同动物的利益冲突的“种际正义原则”，即在解决动物物种之间的利益冲突时，必须考虑两个因素：分清发生冲突的各种利益的重要性，即是基本利益重要还是非基本利益重要；其利益发生冲突各方的心理复杂性，即判断动物的心理对冲突的理解状态。种际正义原则的基本要求是：一个动物的基本利益优先于另一动物的非基本利益，心理较为复杂的动物的利益优先于心理较为简单的动物的类似利益。

以雷根为代表的动物权利论从道德的道义论伦理学出发，认为我们之所以要保护动物，是由于动物和人一样，拥有不可侵犯的权利，人类有义务保护动物的基本权利，并从道义上尊重动物的存在价值，究其权利的基础是“天赋价值”。众所周知，人和动物都是生命的主体，都拥有值得我们予以尊重的天赋价值。因此，我们要善待动物，要以与人类生存平等的心情体会动物的生存与发展，从道德的道义上尊重动物的生存权利。现动物的生存空间受到了环境恶化的威胁，其栖息地已经满足不了它们生存的需要，动物种群面临灭绝；人类并没有从平等的角度来认识动物存在的重要性，人与动物和谐相处的意识不强，主宰动物的观念还没有从意识上消失，致使人类意识不到动物的存在价值，从而错误地消亡动物的生存或其存在的权利。

总之，从动物解放/权利论观点看，保护动物与尊重动物生存权无疑是对传统的道德观念和生活习惯的巨大挑战。人类要正确处理好道德与自身利益的关系，就必须正确看待动物（生命主体）的存在与受到平等道德尊重的权利，人类有权利和义务保护动物的生存权，并为动物生存权的解放发挥利他主义的精神，从道德上真正尊重动物的存在。

三、生物平等主义

动物解放/权利论观点是人类尊重动物的生存权，并对动物给予道德尊重的权利。但许多环境伦理学家认为：这种观点的道德意识还不够全面，没有考虑对动物之外的生命给予道德关怀，人们应扩大伦理关怀的意识范围，使之包含所有的生命。施韦泽的敬畏生命的伦理理念和泰勒的尊重大自然的伦理思想从两个不同的角度阐释了生物平等主义的基本精神。

敬畏生命的基本要求是：像敬畏自己的生命意志那样敬畏所有的生命意志，满怀同情地对待生存于自己之外的所有生命意志。一个人，只有当他把所有的生命都视为神圣的，并尽其所能去帮助所有需要帮助的生命的时候，他才是有道德的。当然，人的生命也值得敬畏。为了维持人的生命，有时确实得杀死其他生命。但是，只有在不可避免的情况下，才可伤害或牺牲某些生命，而且要带着责任感和良知意识作出这种选择。敬畏生命的伦理可以帮助我们意识到这种选择所包含的伦理意义和道德责任，可以使我们避免随意地、粗心大意地、麻木不仁地伤害和毁灭其他生命。

泰勒的尊重大自然的伦理学认为，人只是地球生物共同体的一个成员，与其他生物是密不可分的；人类和其他物种一样，都是一个相互依赖的系统的有机构成要素；每一个有机体都是生命的目的中心；人并非天生就比其他生物优越。对人的优越性观念的抛弃，就是对物种平等观念的接受。因此，所有物种都是平等的，都拥有同等的天赋价值；而一个有机体一旦被视为拥有天赋价值，那么，人们对它所采取的唯一合适的态度就是尊重。所谓尊重大自然，就是把所有生命都视为拥有同等的天赋价值和相同的道德地位的实体，都有权获得同等的关心和照顾。

随着人们道德关怀范围的扩展，生物平等主义对人们的道德理性、胸怀和道德能力提出了更高要求，人们所承担的道德责任也越来越多。许多人正在用实际的行动改变他们的内在道德信念，用对生命的敬畏和爱护展现他们尊重大自然的态度。由此可见，人类和生物体生活在一个共同体中，人类有义务尊重共同体中的其他成员和共同体本身的生存权利，尊重共同体成员间因长期生活在一起而形成的情感与共同的生存意识。

四、生态整体主义

生态整体主义认为，一种恰当的环境伦理学必须从道德上关心无生命的生态系统、自然过程以及其他自然存在物。环境伦理学必须是整体主义的，即它不仅要承认存在于自然客体之间的关系，而且要把物种和生态系统这类生态“整体”视为拥有直接的道德地位的道德顾客。据此，生态整体主义从三个角度（大地伦理学、深层生态学和自然价值论）阐述了保护生态系统的伦理理由。

大地伦理学的宗旨是要“扩展（道德）共同体的界线，使之包括土壤、水、植物和动物，或由它们组成的整体——大地”，并把“人的角色从大地共同体的征服者改变成大地共同体的普通成员与普通公民。这意味着，人不仅要尊重共同体中的其他伙伴，而且要尊重共同体本身”。这是由于人不仅生活在社会共同体中，也生活在大地共同体中；而人只要生活在一个共同体中，他就有义务尊重共同体中的其他成员和共同体本身。这种义务的基础就是：共同体成员之间因长期生活在一起而形成的情感和休戚与共的“命运意识”。

由内斯开创的深层生态学包括两个基本的伦理规范：第一，每一种生命形式都拥有生存和发展的权利，若无充足理由，我们没有任何权利毁灭其他生命。第二，随着人类的成熟，他们将能够与其他生命同甘共苦。前一规范即生物圈平等主义，后一规范即自我实现论。深层生态学的生物圈平等主义与生物平等主义的基本精神大致相通，它的独特贡献是自我实现论。自我实现的过程，也就是逐渐扩展自我认同的对象范围的过程。通过这个过程，我们将体会并认识到：① 人只是更大的整体的一部分，而不是与大自然分离的、不同的个体；② 作为人和人的本性，是由我们与他人以及自然中其他存在物的关系所决定。因此，自我实现的过程，也就是把自我理解并扩展为大我的过程，缩小自我与其他存在物的疏离感的过程，把其他存在物的利益看作自我利益的过程。

以罗尔斯顿为代表的自然价值论把人们对大自然所负有的道德义务建立在大自

然所具有的客观价值的基础之上。在自然价值论看来，价值就是自然物身上所具有的那些创造性属性，这些属性使得自然物不仅极力通过对环境的主动适应来求得自己的生存和发展，而且它们彼此之间相互依赖、相互竞争的协同进化也使得大自然本身的复杂性和创造性得到增加，使得生命朝着多样化和精致化的方向进化。价值是进化的生态系统内在地具有的属性；大自然不仅创造出了各种各样的价值，而且创造出了具有评价能力的人。

生态系统是价值存在的一个单元：一个具有包容力的重要的生存单元，没有它，有机体就不可能生存。因此，生态系统所拥有的不仅仅是工具价值和内在价值，更拥有系统价值。这种价值并不完全浓缩在个体身上，也不是部分价值的总和，它弥漫在整个生态系统中。由于生态系统本身也具有价值——一种超越了工具价值和内在价值的系统价值，因而，我们既对那些被创造出来作为生态系统中的内在价值之放置点的动物个体和植物个体负有义务，也对这个设计与保护、再造与改变着生物共同体中的所有成员的生态系统负有义务。

第三节　环境伦理学的主要内容

环境伦理学，是针对人的活动对自然环境的破坏，从伦理方面给保护环境的必然性以根据的理论。是人类对待自然所特有的道德观念、道德规范和道德评价的理论体系，其所关注的是人对与自己的生存和发展相关的地球上各种生命和整个自然抱什么态度的问题。

一、环境伦理学的研究对象

环境伦理学把人与自然环境之间的道德关系作为自己的研究对象，其含义有两个方面：其一，人与自然的道德关系；其二，受人与自然关系影响的人与人之间的道德关系。对人与自然道德关系的研究，主要是自然价值观的问题；对受人与自然关系影响的人与人之间道德关系的研究，主要是“作为公平的正义”的问题，即代内伦理和代际伦理。这两个方面相互影响、相互制约。研究人与自然的道德关系，离不开以人与人的社会关系为中介，因为人对自然环境的破坏总是由处于一定社会关系下的人的活动所引起。因此，环境伦理学必须具体研究在以人的社会关系为中介的人与自然关系的框架中，人的何种态度和行为引起了环境的破坏，从而可以更好地制定人的环境道德行为准则。正是在这个意义上，我们说环境伦理学就是对建立在一定环境价值观基础上的人类环境道德行为规范的研究。

二、环境伦理学研究的基本内容

环境伦理学研究的基本内容，是人类对自然环境的伦理责任。它的学科性质决定了它必然包含对三大主题的研究，即自然的价值和权利的研究、人对自然道德原则的确立与道德行为规范的研究、现实生活领域中环境伦理问题的研究。其中，自然的价值和权利的研究是环境伦理学研究的核心，它直接导致了我们对自然及其存在的态度。因此，它是确立人对自然责任的重要依据，也是确立人对自然的道德原则和行为规范的理论依据。

1. 人对自然的伦理关系——环境价值观

我们知道，人是具有主观能动性的生物体，是构成社会环境的个体。人类为了满足其生存和发展的需要，所采取的行动目标就是达到自身的生存利益。从宏观的角度看，我们希望人类个体的生存利益和社会利益应该是一致的。但从微观角度上看，由于个体的差异，两者间在具体行动上往往存在矛盾，甚至是对立的两个方面，结果产生了人类个体的私利与社会整体利益的不道德行为。如何协调这种不道德的行为关系，就成了环境伦理学研究的第一部分内容。这部分内容主要是环境价值观问题，它涉及如何对待自然生态价值以及我们应该选择怎样的环境价值观的问题。如西方的各种人类中心主义、各种非人类中心主义，中国的“天人合一”等生态价值观，尽管这些理论还有这样和那样的缺陷与不足，但它们都从各自不同的角度为我们保护濒危物种，维护生态平衡，建立人与自然之间的和谐关系提供了独特的道德根据。总之，人与自然的关系，归根结底是一种价值关系。

2. 人与人的环境伦理——道德评价

环境伦理学不仅要研究人们对待自然的态度问题，确立新的环境价值观，而且还要研究环境伦理的原则和规范，为人们提供环境意义上人的道德行为准则。

确立环境伦理的基本原则，应该遵循这样一些基本思想：第一，必须反映当代社会经济发展的特点和人类利益的根本要求。由于科学技术的高度发展，人与自然之间进行物质、能量交换的复杂程度的提高，人类利用自然的能力不断提高。与此同时，人类对自然界的全面干预又在破坏着自然界的整体优化发展。因而，人类就不能只考虑自身的利益、当代人的利益，而必须从人类与自然之间、当代人与子孙后代之间的共同利益去考虑社会经济的发展。第二，必须从总体上回答人类利益和自然利益的关系问题。人与自然有本质的区别，但这种区别在统一的生态系统中具有相对意义。因为人类的社会经济活动，是在生态平衡条件下进行的，离开生态平衡，人类也将无法生存。因此，生态平衡既是人类积极干预的对象，又是人类力图实现的状态和目标，这就决定了环境伦理原则必须遵循客观规律，使人类利益和自然利益得到和谐发展。第三，环境伦理的基本原则应成为环境道德有别于其他社会道德类型的最根本标志。维护人与自然的和谐统一、尊重生命和自然、实行可持续发展应成为环境伦理的基本原则。

环境伦理要求人们遵循道德行为准则，并必须做到以下几点：

（1）尊重与善待自然。

① 尊重地球上一切生命物种。地球生态系统中的所有生命物种都参与了生态进化的过程，并且具有适合环境的优越性和追求自己生存的目的性，它们在生态价值方面是平等的。人类应该平等地对待它们，尊重它们的自然生存权利。

② 尊重自然生态的和谐与稳定。地球生态系统是一个交融互摄、互相依存的系统。在整个自然界中，无论海洋、陆地还是空中的动植物，乃至各种无机物，均为地球这一“整体生命”不可分割的部分。作为自组织系统，地球虽然有其遭受破坏后自我修复的能力，但其对外来破坏力的承受力是有极限的。对地球生态系统的破坏一旦超出其忍受值，便会环环相扣，危及整个地球生态，并最终祸及包括人类在内的所有生命体的生存和发展。因此，在生态价值的保护中首要的是必须维持它的稳定性、整合性和平衡性。维持自然生态的和谐与稳定是人类义不容辞的责任。

③ 顺应自然的生活。所谓顺应自然的生活，就是要从自然生态的角度出发，协调人类的生存利益与生态利益的关系。顺应自然的生活必须遵循以下几条原则：

最小伤害性原则：这一原则从保护生态价值与生态资源出发，要求在人类利益与生态利益发生冲突时，采取对自然生态的伤害减至最低限度的做法。

比例性原则：所有生物体的利益，包括人类利益在内，都可以区分为基本利益和非基本利益。前者关系到生物体的生存，而后者却不是生存所必需。比例性原则要求在人类利益与野生动植物利益发生冲突时，对基本利益的考虑应大于对非基本利益的考虑。从这一原则出发，人类的许多非基本利益应该让位于野生动植物的基本利益。

分配公正原则：在人类与自然生物的关系中，有时会遇到基本利益相冲突的情形。依据分配公正原则，双方都需要的自然适用资源必须共享。分配公正原则还要求我们在自然资源的利用上尽可能地实行功能替代，即用一种资源来代替另一种更为宝贵和稀缺的资源。

公正补偿原则：人类在谋求基本需要和发展经济的活动中，不可避免地给自然野生地和野生动植物造成很大危害。根据公正补偿原则，人类应当对自然生态的破坏进行补偿。这条原则尤其适用于对濒危物种的保护和处理。

（2）关心个人并关心人类。

环境伦理关于人与自然之间关系的伦理，其探讨的内容不仅仅以人与自然的关系为限。只有既考虑人对自然的根本态度和立场，同时又考虑社会人如何在社会实践中贯彻这种态度和立场的环境伦理才是完善的伦理。环境伦理要求我们确立如下原则，作为在环境问题上处理人与人之间关系的行为准则。

① 正义原则。按照环境伦理的要求，任何向自然排放污染物以及肆意破坏自然环境的行为都是非正义的，应该受到社会舆论的谴责；而任何有利于环境保护与生态价值维护的行为都是正义的，应该得到社会舆论的褒扬。

② 公正原则。公正原则要求我们在治理环境和处理环境纠纷时维持公道。公正的做法是由污染环境的企业承担责任并赔偿环境污染造成的损失。应该强调的是，环境伦理中的公正原则其实是“公益原则”，因为自然环境和自然资源属于全社会乃至全人类所有，对它的使用和消耗要兼顾个人、企业和社会的利益，这才是公正的。

③ 权利平等原则。在环境资源的使用和消耗上要讲究权利的平等。权利平等原则不仅适用于人与人、企业与企业之间，而且适用于地区与地区、国与国之间。

④ 合作原则。在环境的保护和治理问题上，地区与地区、国与国之间要进行充分的合作。在消极意义上，要防止“污染”输出，不要“以邻为壑”。而从积极意义上，则要开展环境保护与环境治理方面的合作，只有这样，全球性的环境问题才能得到解决和克服。

（3）着眼当前并思虑未来。

在环境伦理中，人类与子孙后代的关系问题之所以突出，是因为环境问题直接牵涉当代人与后代人的利益，如何从自然生态的价值与种族繁衍的角度来看待环境问题，在处理环境问题时如何使个体利益与种族利益平衡，是环境伦理应该面对的重要问题。在实际生活中，眼前的、当代人的利益和价值易于发现，而未来的、后代人的利益和价值容易忽视。因此，在环境伦理中，我们应该对未来的、子孙后代的利益和价值予以更多地考虑，并从后代人的立场上对我们当前的环境行为作出道德判断。环境问题在涉及后代人的利益时，如下几条准则是必须加以考虑的。

① 责任原则。环境伦理强调：环境权不仅适用于当代人类，而且适用于子孙后代。因此，如何确保子孙后代拥有一个合适的生存环境与空间，是当代人责无旁贷的义务和责任。

② 节约原则。从子孙后代的利益考虑，人类不仅要保护和维持自然生态的平衡，而且要节约使用地球上的自然资源。节约原则体现在两方面：人类的生产方式和生活方式。节约的生产方式要求我们改进和改革生产工艺，采取节省能源和资源的生产方法，尽可能采取循环再利用的生产工艺，开展回收再利用工程。在生活方式上，应当提倡过一种节俭的生活，防止铺张浪费，尽可能地使用环保产品而避免使用会给环境带来污染的物品。总之，节约原则的实施不仅仅出于经济上节约成本的考虑，而且出于为子孙后代留下一个可供长期利用和享用的自然的考虑，它是道义的而不是经济学的。

③ 慎行原则。人类改变和利用自然行为的后果有时不是显而易见的，而且这些后果有时可能对当代人有利，却会给后代人带来长远的不利影响。这样，就要求我们在与自然打交道时采取慎行原则。即是说，当我们采取一项改变和改造自然的计划时，一定要顾及它的长远的生态后果，防止给后代人造成损害。

综上所述，环境伦理是将人类对待自然的态度和责任作为一种道德原则和道义行为提出的，其目的是为了更有效地规范和指导人们对待自然环境的行为，以有利于地球生态系统，包括人类社会这个子系统的长期持续和稳定的发展。因此，一种全面的环境伦理，必须兼顾自然生态的价值、个人与全人类的利益和价值，以及当代人与后代人的利益与价值。

3．生活实践领域中的环境伦理问题

环境伦理学确定了新的自然价值观和环境伦理的基本原则，其目的就是要指导人们的生活实践。因此，现实生活实践中的环境伦理问题便成为环境伦理学研究的又一重要任务。它包括：可持续发展的环境伦理问题、人口与环境伦理问题、科学技术中的环境伦理问题、环境保护中的环境伦理问题、消费方式中的环境伦理问题，以及提高全球的环境意识问题等。环境伦理学通过对这些问题的研究，将为人们保护环境的伦理实践提供重要的理论指导。

第四节　可持续发展环境伦理观

可持续发展环境伦理观是学术界研究可持续发展环境伦理学过程中形成的一种新型的环境伦理观，是为解决人类社会所共同面临的环境问题而产生的。它一方面吸取了生命中心论、生态中心论等非人类中心主义关于“生物/生态具有内在价值”的思想，承认自然不仅具有工具价值，也具有内在价值，但又不把内在价值仅归于自然自身，而是把它提高为人与自然和谐统一的整体性质。正因为如此，人类和自然都应当得到道德关怀。另一方面，它是在人与自然和谐统一整体价值观的基础之上，承认现代人类中心主义关于人类所特有的“能动作用”及占有的“道德代理人”和环境管理者的地位，这样就避免了非人类中心主义在环境伦理实践中给我们所带来的困难，我们的目的是使之变得更具有适用性。在承认自然的固有价值和人类的实践能动作用的基础上，人与自然和谐相处的整体价值是可持续发展环境伦理观的理论基础。我们知道：自然这个有机整体的生命系统是相互联系、相互作用和相互依赖的，其中的任何一种生物在自然中均有自身的价值（或固有价值：是一种实体为获得自身的善而独立于人类评价者的价值），正因为有这个自身价值的存在，才使得它们享有道德地位并获得道德关怀的权利。由此可知，可持续发展环境伦理观将道德共同体扩大到“人—自然”系统，把道德的关怀范围从人类本身扩大到生物和自然。因此，只有作为道德主体的人类，才具有承认它们在一种自然状态中持续存在的价值能力。今天，作为道德代理人的人类具有自觉维护生物和自然的责任，人类应当珍惜和爱护自然。

可持续发展的环境含义是什么？我们知道，可持续发展的环境主要关注的是人类的合理需求、社会文明和进步。其内容主要为：一是关注如何建立可持续发展的环境公正性原则，实现人类在环境利益上的公正与合理；二是关注如何确定公民的环境权利，更好地满足人类社会的正义需要。

（1）可持续环境公正性原则：主要包括国际环境公正、国内环境公正和代际环境公正三方面的内容。

国际环境公正主要讲考虑到国际经济发展水平的不同，各国、各地区公平地享有自然资源的使用权和可持续发展的权利；在满足贫困地区人口的基本需要时，限制发达国家对资源的滥用；各国有责任保护环境避免污染并承担其污染治理的主要责任；全球共享资源的公平管理原则。

国内环境公正主要讲消除地区贫困，实现自然资源的公平分配；个体和组织有公平承担环境责任的权利；重视环境公正和公共资源公平共享的环境政策的建立与发展。

代际环境公正主要讲当代人和后代人在环境资源的合理使用上具有公正平等的发展机会，共同实现资源的合理储存与利用。因此，代际环境公正原则要解决当代人对后代人的环境伦理道德与责任的问题，实现代际公正的基本要求。

（2）人类环境权：它是指人类享有的在健康、舒适的环境中生存的权利。它注重人类的持续发展和人与自然的和谐发展，它作为一种道德观念和法律理念已得到人们的广泛认同，并且在一些国家的宪法中已被确立为一项人的基本权利。但由于它的另一些不确定性以及与传统法律权利的交叉和冲突，在实际操作中还存在着很大的争议。

可持续发展环境伦理观深刻揭示了人与人、人与社会、人与自然之间的利益关系与道德评价，正是这样的一种特殊关系，使得可持续发展的环境伦理显得更具有实践意义了。如在当前环境伦理体系尚未完善的情况下，可持续发展环境伦理观可以提供较大的空间和容纳不同的环境伦理学说，可以在多层面上具有指导人类保护环境实践活动的作用。但是，正是由于人们对可持续发展观有不同的解释，从而使得可持续发展环境伦理观在理论上还须磨合、渗透，这样我们在不同地区使用时，应该区别对待，做到合情合理，不搞一刀切，否则，可持续发展环境伦理观就会被盲目进行伦理模式的嫁接，就会失去它应有的实践性。因此，可持续发展环境伦理观的建立是一个逐渐完善的过程，还需要在理论上逐渐地成熟，在时间上接受检验。

第六章　环境保护法

当今影响世界发展的普遍问题一个是和平，一个是资源，还有一个就是环境污染。环境污染已经成为全球性危机，对地球环境的破坏范围之大，影响之深远，难以估计。节能减排和应对气候变化也已成为全球以及我国当前经济社会发展的一项重要而紧迫的任务。环境保护与节能减排是人民安居乐业、经济持续发展之根本。确定“环境保护”为我国的基本国策，这表明了我国保护环境、治理污染的决心。环境保护工作是否得力，已经开始直接影响我们的生活、生产，甚至影响地方经济的发展和社会稳定。国内外的实践表明，只有走法制化的道路，依法行政，依法管理，依法治理，才能实现保护环境和节能减排的目标。

第一节　环境法及环境法体系

环境法是由国家制定或认可，由国家强制力保证执行的行为规范的总称。

1999 年 3 月 15 日第九届全国人民代表大会第二次会议通过的《中华人民共和国宪法》修正案第五条增加一款，作为第一款，规定：“中华人民共和国实行依法治国，建设社会主义法治国家。”

1978 年，我国修改后的《中华人民共和国宪法》第二十六条规定：“国家保护环境和自然资源，防治污染和其他公害。”这是中国首次将环境保护工作列入国家根本大法，把环境保护确定为国家的一项基本职责，将自然保护和污染防治确定为环境保护和环境法的两大领域，从而奠定了中国环境法体系的基本构架和主要内容，并为中国环境保护进入法制轨道开辟了道路。

1979 年 9 月，五届全国人大第十一次会议原则通过了《中华人民共和国环境保护法（试行）》。该法依据宪法的规定，针对中国当时的环境状况，参考借鉴了国外的先进经验，规定了环境保护的对象、任务、方针和适用范围，规定了“谁污染谁治理”等原则，确定了环境影响评价、“三同时”、排污收费、限期治理、环境标准、环境监测等制度，规定了环境保护机构及其职责，其内容全面、系统，是我国环境法走向体系化，并作为独立法律部门的一个标志。

《中华人民共和国环境保护法（试行）》颁布后，我国先后制定了《中华人民共和国海洋环境保护法》（1982 年 8 月）、《中华人民共和国水污染防治法》（1984 年 5 月）、《中华人民共和国大气污染防治法》（1987 年 9 月）和《中华人民共和国草原法》（1985 年 6 月）、《中华人民共和国水法》（1988 年 1 月）等污染防治和自然资源保护方面的法律及一系列的行政法规、规章；1989 年 12 月，七届全国人大第十一次会议通过的《中华人民共和国环境保护法》，是对《中华人民共和国环境保护法（试行）》的修改和总结，也是第一次环境立法高潮的顶点。经过这次立法高潮，中国初步形成了环境法体系；环境法开始成为中国环境保护工作的最为重要的支柱和保障，成为中国社会主义法律体系中新兴的、发展最为迅速的一个重要组成部分。

20 世纪 90 年代是国际国内形势发生了重大、急剧的变化的时代。1993 年 11 月 14 日通过的《中共中央关于建立社会主义市场经济体制若干问题的决定》，制定了社会主义市场经济体制的总体规划。1992 年 6 月召开的联合国环境与发展会议，使全球环境保护工作和环境法进入以“可持续发展”为标志的“可持续发展阶段”；同年 8 月，中共中央、国务院很快批准了《中国环境与发展十大对策》，指出中国必须转变发展战略、走可持续发展道路，认为实行可持续发展战略是加速中国经济发展和解决环境问题的正确选择和合理模式；1994 年 3 月，国务院批准了《中国 21 世纪议程》，提出了实施可持续发展的总体战略、基本对策和行动方案，要求建立体现可持续发展的环境法体系，并将新的环境立法列为新的优先项目计划。可持续发展战略的确立和实施，对环境法制建设产生了一系列影响。为了贯彻可持续发展战略，迫切要求环境立法将环境与资源、环境保护与经济社会发展结合起来，建立和促进符合可持续发展原则的、适应社会主义市场经济体制客观需要的综合决策机制、协调管理机制、保障支持机制和有效的法律实施机制。1993 年 3 月，全国人民代表大会成立了环境与资源保护委员会（简称环资委，当时称环境保护委员会）这一专门委员会。环资委一成立，便立即着手环境立法的准备工作；同年 4 月听取了国务院 12 个部委的工作汇报，在此基础上制定了五年环境立法规划；同年 11 月召开法学界、环保界青年学者研讨会，并与有关部门座谈，研究我国环境与资源保护方面立法的现状和存在的问题，分析国际环境保护法律的发展趋势，初步提出了“我国环境与资源保护法律体系框架”，这一框架成为环资委立法工作的指南和大纲。从 1994 年起，环资委的立法工作全面展开，在继续加快制定新的环境法律、法规的同时，开始对现行的环境法律、法规进行整理、修改和完善。

我国先后修改、制定了一批污染防治法律、法规和行政规章，目前在用的法律法规有，如《中华人民共和国大气污染防治法》（2018 年）、《中华人民共和国固体废物污染环境防治法》（2020 年）、《中华人民共和国水污染防治法》（2018 年）、《中华人民共和国环境噪声污染防治法》（2018 年）等；先后修改、制定了一些资源能源管理、灾害防治和自然保护方面的法律、法规和规章，如《中华人民共和国自然保护区条例》（2017年）、《中华人民共和国煤炭法》（2016年）、《中华人民共和国防洪法》（2016年）、《中华人民共和国节约能源法》（2018年）、《中华人民共和国防震减灾法》（2013年）、《中华人民共和国森林法》（2019年）等；从总体上看，这次立法高潮主要是对原有法律的修改、补充和完善。重点在于加强对环境资源的行政管理。地方环境立法在某些方面比中央环境立法更为活跃。可以说，由此我国较为完善的环境法体系已经建立起来。

著名法学家伯尔曼指出："法律必须被信仰，否则它将形同虚设。"法制的权威取决于它的施行，这个施行必须依托相关法律文本的理性精神，而不应随意设置弹性空间。民主与法制，是实现公众权利与公共诉求的必然依靠。也只有做到这一点，民主才会真正成为好东西，法律也才会真正被公众信仰。

第二节 我国环境法与环境法制度

一、我国的环境法与特点

环境保护法，在广义上又称为环境法，它是调整因开发、利用、保护和改善人类环境而产生的社会关系的法律规范的总称。其目的是为了协调人类与环境的关系，保护人体健康，保障社会经济的持续发展。环境法是保护和改善环境、加强环境管理的法律保障。研究掌握当代中国环境法的发展特点和趋势，对于进一步加强我国的环境法制建设、实现环境法治，具有重要的意义和作用。

1. 我国环境法基本原则

在总结我国环境与资源保护实践经验和教训的基础上，同时借鉴国外的经验和教训，提出我国环境法的五个基本原则。

（1）协调发展的原则。所谓协调发展，是指经济建设与环境和资源保护相协调，其主要含义被归纳为著名的"三建设、三同步、三效益"，即：经济建设、城乡建设与环境建设必须同步规划、同步实施、同步发展，以实现经济效益、社会效益和环境效益的统一。

《中华人民共和国环境保护法》总则第一条指出，制定该法的目的是"为保护和改善环境，防治污染和其他公害，保障公众健康，推进生态文明建设，促进经济社会可持续发展"，并以此为《中华人民共和国环境保护法》的立法宗旨，它明确体现了经济建设与环境保护协调发展的原则。

（2）预防为主的原则。在 1973 年第一次全国环境保护会议上提出的环境保护

32 字方针中，就有“预防为主、防治结合”，这是这一原则的最早表述。“预防为主、防治结合”原则的主要含义是：在环境与资源保护中，要采取各种预防手段和措施，防止环境问题的产生或将其限制在最低限度，尽量在生产过程中解决环境问题，而不是等环境污染和资源破坏产生以后再去想办法治理。

（3）全面规划的原则。全面规划、合理布局的原则是指在经济和社会发展中，对工业、农业、城市、乡村生产和生活的各个方面做出统一考虑，把环境和资源保护作为国民经济和社会发展的重要组成部分来进行统筹安排、规划和布局。

（4）各负其责的原则。所谓各负其责的原则，是指与环境法有关的各个主体都必须承担其应负的责任和应履行的职责。各负其责的原则在环境法原则的传统分类中包括以下几个方面：

一是“谁污染谁治理”的原则。它是指凡是造成环境污染危害的单位和个人，都负有治理环境污染和补偿损害的责任。

二是“谁开发谁保护”的原则。它是指一切开发利用自然资源的单位和个人，都负有保护自然资源和自然环境的义务。

三是各级政府对环境质量负责的原则。这项原则是指，各级政府对本辖区内的环境质量负有主要责任。这项原则的目的在于明确各级政府和行政机关在环境与资源保护方面的职权和责任，使其依法行政，严格管理和监督。

（5）可持续发展原则。1992 年联合国环境与发展大会以后，可持续发展的理论和思想在我国得到社会各界的广泛认同，并很快成为环境与资源保护工作的一个重要原则。我国最早明确提出可持续发展原则的重要文件是 1992 年 8 月制定的《中国环境与发展十大对策》。该文件指出：“转变发展战略，走持续发展道路，是加速我国经济发展、解决环境问题的正确选择”。1994 年国务院制定的《中国 21 世纪议程》，则是我国第一个可持续发展方面的综合性文件。

2．我国环境保护的基本方针

1973 年，第一次全国环境保护会议确定了环境保护工作的三十二字方针政策，即：全面规划，合理布局，综合利用，化害为利，依靠群众，科学决策，保护环境，造福人民。

1983 年，第二次全国环境保护会议上提出“三同步，三统一”方针，“三同步”即经济建设、城乡建设、环境建设同步规划；“三统一”即经济效益、社会效益和环境效益的统一。

1996 年第四次全国环境保护会议上重申这一方针，并与国家的发展紧密结合，阐述为：推行可持续发展战略，贯彻三同步方针，推进两个根本转变，实现三效益统一。

3．环境保护的三大政策

我国制定了“预防为主，防治结合”“谁污染谁治理”，以及“强化环境管理”的三大环境保护的基本政策。这三大政策以“强化环境管理”为核心，依靠规划、法规、监督和适当的投入去控制污染，保护环境，以经济、社会与环境的协调发展为目的，走具有中国特色的环境保护道路。

二、我国环境法的主要制度与特点

在现代汉语中，制度是指“要求大家共同遵守的办事规程或行动准则”。在理论界中对于制度的研究很多，主要有以下几种观点：“制度是一个社会的游戏规则，或者更正式地定义是人类交往的人为的约束”；制度是“一系列用来建立生产、交换与分配基础的基本政治、社会和法律的基本规则”；“制度是一整套规则，应遵循的要求和合乎伦理道德的行为规范，用以约束个人的行为”；“制度是一种集体行动，它不仅是对个人行动的控制，而且是对个人行动的解放和扩展，因此制度是对权利与义务、优先权与无权利的分配”。

从制度的重要性来看，分为基本制度和一般制度。基本制度，可称为主要制度或者核心制度，它与非核心制度或者一般制度是有区别的。从哲学的角度讲，基本制度与一般制度是抽象与具体的关系，是共性与个性的关系。基本制度是制度系统中的首要构成要素，它是各方面制度中最基本的办事规则和行为准则的总和，是制度系统的基本和核心。在总体上，基本制度起着体系的框架作用，成为制度系统的主要标志和代表者。

环境法基本制度是指在环境法基本原则的指导下，为实现环境法的目的，调整人们在环境资源的开发、利用、保护、管理和污染防治过程中产生的社会关系的具有普遍性和代表性的法律规范和行为准则。环境法的基本制度是环境法律制度系统中的首要构成要素，是环境法律制度系统的基本和核心，是环境法律制度系统的主要标志和代表者。它不只是污染防治各方面制度中最基本的办事规则和行为准则的总和，也是环境资源开发、利用、保护及管理等方面的制度中最基本的办事规则和行为准则的总和。

1．环境影响评价制度

环境影响评价制度是指对规划和建设项目实施后可能造成的环境影响进行分析预测和评估，提出预防或者减轻不良环境影响的对策和措施进行跟踪监测，并按照法律程序进行报批的环境法律制度。环境影响评价制度属于事前预防制度，适用范围广泛，在保护环境和预防污染等方面起着重要的作用。

鉴于目前环境影响评价制度存在的一些问题，我们迫切需要在以下几方面得以完善：第一，环境影响评价应紧密结合对环境容量的调控，使得区域内的各个符合环境影响评价的建设项目总和不超过环境容量；第二，统一对环境影响程度认定的科学标准，增强对大型区域开发、自然开发、工程建设的评价的可操作性；第三，确保对各种建设项目所作的环境影响评价，谨防对建设项目漏管漏批；第四，加强环保行政主管机关管理，严惩违法审批、越权审批现象；第五，健全公众参与环境资源开发、利用、保护、管理和污染防治全过程评估，发挥群众的作用；第六，建立环境影响评价的司法监督机制。

2．许可证制度

作为环境法的一项基本制度，许可证制度覆盖面很广，几乎涉及每一个领域。从许可证的作用上看有三种类型：一是防止环境污染许可证，如排污许可证，危险废物收集、贮存、处置许可证，废物进口许可证等；二是防止环境破坏许可证，如林木采伐许可证，野生动物特许捕猎证、狩猎证等；三是整体环境保护许可证，如建设规划许可证、国土资源规划许可证等。其中对于排污许可证颁发之前，有关部门一定要做好以下工作：在浓度控制的基础上，把握好总量控制制度和排污权交易制度。因为总量控制是排污权交易的基础。虽然排污权交易可能完全符合市场规则，但是也存在以下基本问题：其一，无论怎样进行交换，排污总量是不变的，对环境没有改善的作用；其二，现实社会已经拥有更高效率的，包括对环境污染控制更有利的技术，却要在排污权交易中向污染严重的地区买进新的排污权增加当地的污染物总量，这实际上是一种隐形的污染转嫁；其三，把污染转移到买入方的居民身上，让其在恶劣的环境下生活，侵犯其合理的生存条件。因此，在执行许可证的申请、审核、颁发、中止或吊销等一整套程序和手续时，有关部门应该把排污权交易不符合可持续发展原则的内容考虑进去。

另外对于环境资源利用规划和建设规划方面的许可必须从严。例如，对于国土资源的开发规划的许可必须考虑农民生存发展，对于建设规划的许可必须考虑生态环境的承受能力等。

3．“三同时”制度

“三同时”是指建设项目需要配套建设的环境保护设施，必须与主体工程同时设计、同时施工、同时投产使用。“三同时”制度是我国环境管理的基本制度之一，是我国所独创的一项环境法律制度，也是控制新污染源产生，实现预防为主原则的一项重要措施。“三同时”制度的适用范围非常广泛，“三同时”制度对我国的环境保护事业功不可灭，但是对我国的经济发展也有一定的不利的影响。

三同时制度是防治新的污染和生态破坏的重要措施，是加强建设项目环境管理的有效手段，是保证治理新污染所需大部分资金投入的法律保证。

4．清洁生产制度

清洁生产实质是指将废物“三化”，即减量化、资源化和无害化，它借鉴了国内外在污染预防、资源综合利用、废物回收利用和循环经济等领域的立法经验。推行清洁生产，可以节约资源，削减污染，降低污染治理设施的建设和运转费用，提高企业经济效益和竞争能力，可以将污染物消除在源头和生产过程中，有效解决污染转移的问题。清洁生产制度充分体现了市场经济和可持续发展追求的价值观。它使资源得到充分地循环利用，既发展了经济，又节约了资源、保护了环境，有效解决了经济发展与环境保护的矛盾。鉴于清洁生产制度有诸多的优越性和重要性，在立法上把其视为环境法基本制度之一是切实可行的。

5. 责任追究制度

责任追究制度是环境责任原则的集中体现，它体现了法律制度的约束功能。法律制度的这种约束功能，既通过改变离经叛道者的成本收益结构而发挥作用，也通过规范各部门职责自治发挥作用。在实施该项基本制度时，以下几方面应得到完善：

（1）拓展责任范围。在进行制度更新时，应对责任范围进行调查，从以治理为基础或以“末端控制”与“浓度控制”指导下的防治结合为基础，拓展为以“源头控制”与“总量控制和浓度控制相结合”指导下的防治结合，增加、增大污染者的预防责任，强化预防要求。

（2）追究污染破坏者责任。除了污染者治理、开发者保护、破坏者恢复、利用者补偿的责任外，还要实行强制回收、强制应急措施和环境污染与破坏事故报告等责任。

（3）加强政府的环境保护公共责任。在推行责任社会化的同时，不能忽略政府的公共责任，政府的公共责任是综合性责任，其包括：① 落实决策和规划责任，各政府部门应该根据具体情况制定具体的决策，落实好环境保护规划和自然资源利用规划以及各项建设项目规划，并对制定的决策和规划带来的后果负责；② 监督管理责任；③ 责任公告责任，即增强环境保护法律制度的透明度。

（4）实行个体责任与社会责任相结合。

6. 经济利益调控制度

在市场经济条件下，经济利益成为社会关系的纽带。如何更好地保护环境、利用资源和防治污染，最好的对策就是利用经济手段去调控和处理。经济调控有正经济利益调控和负经济利益调控，正经济利益调控主要在于实施经济激励机制，如财政补贴等，而负经济利益调控主要在于实施收费、收税等方面。这种正、负经济利益的调控对于环境资源的保护、利用和污染防治起着极其重要的作用。

首先，在环境资源保护方面，对于从事环境保护活动和环保产业的个人和企业，政府、银行的部门应给予鼓励、资助和优惠，例如给予财政信贷、财政补贴（减免税收、比例退税、特别扣除及投资减税等）、优先优惠贷款待遇或者执行鼓励金制度，对废物清除活动给予财政援助。

其次，在环境资源利用方面，要求摒弃“环境资源无价值”的传统观念：

（1）实行资源使用权有偿取得，允许环境资源产权的转让和出让。产权交易能更好地有效利用和保护环境资源。

（2）征收环境资源税。环境资源税（或叫绿色税），主要有排污税、燃料税和污染产品税。环境资源税体现国家作为政治权力的主体对国有资源的经济利益的控制权。环境税对开发、利用、保护和改善环境资源有着显著的刺激（鼓励或抑制）作用。随着社会主义市场经济的发展，环境税在保护环境资源中的地位和作用将不断增强。但是目前现有的“纳税人开采或者生产应税产品的销售，以销售数量为计税依据；自产自用的，以移送数量为计税依据”这种计税规定不符合资源开发利用的可持续发展，我们应该按照产量来计税，把环境资源价值纳入产品或者服务的定价之中，有利于环境资源价格的合理定位，有利于资源的高效和持续利用。

再次，在污染防治方面：

（1）重新界定“污染者”，扩充环境保护责任主体。强调直接排污者和间接排污者、“末端”排污者和“源头”排污者、生产排污者和消费排污者，都要受到经济惩罚。

（2）征收排污税，排污即收费；提高收费标准，使排污收费高于治理费用和运转费，并把超标排污行为视为犯罪行为。

（3）缴纳押金。押金制度主要适用于个人消费领域，产品须符合固体形态、具有潜在污染性、使用后不具有或只具有很少的经济价值、分散性等条件；押金的数额足以促使使用者交回使用后的物品即可；环境押金应当由各级环境管理机关或其委托的组织负责收取。

（4）设立环境损害责任保险金。任何排污企业都应为自己的排污行为投保，从而更有利于被害人的救济和环境资源的恢复建设。

（5）允许污染物的代处置。在市场经济体制下，我们应提倡环境保护产业化、市场化、社会化和专业化，可以利用外部专业的环境设施处置。允许污染物代处置、缴纳处置费用是一种理性的选择。

第三节　环境法律责任

环境法律责任是环境法律体系的重要组成部分，是环境法运行的保障机制。环境法律责任内涵的复杂性，决定了环境法律责任概念既指法律责任关系又表现为一种法律责任形式。环境法律责任关系就是以环境要素为内容的环境法律主体间的关系，是环境法律主体因违反环境法律规定，违反环境行政和民事合同的约定，而形成的法律上的道义关系或功利关系。环境法律责任是综合性法律责任。多种责任形式的存在决定了追究环境法律责任不能适用统一的归责原则，而只能分别按照三种责任形式各自的归责原则完成环境法律责任的归责。

环境民事责任主要表现为环境侵权责任，其归责原则为无过错责任原则，即一切污染环境的单位和个人，只要其污染损害的行为给他人造成财产或人身损害，无论其主观上有无故意或过失，都要对其所造成的损害承担赔偿责任。

环境行政责任适用违法责任原则，即环境污染行为人是否构成环境行政责任以其是否构成行政违法为条件，其中行为包括形式违反法律明文规定和实质违反法律的基本原则及立法精神。环境刑事责任应确立过错责任为主、无过错责任为辅的归责原则，以及适用因果关系推定原则。协调适用三种法律责任形式，建立系统的环境法律责任机制是解决环境责任问题的关键。

环境民事责任：违反环境保护法，破坏或者污染环境的单位或者个人所应承担的民事责任的相关内容。

环境行政责任：违反环境保护法，破坏或者污染环境的单位或者个人所应承担的行政责任的相关内容。

环境刑事责任：违反环境保护法，破坏或者污染环境的单位或者个人所应承担的刑事责任的相关内容。

第四节　防治环境污染法

一、《中华人民共和国大气污染防治法》

《中华人民共和国大气污染防治法》是为了保护和改善环境，防治大气污染，保障公共健康，推进生态文明建设，促进经济社会可持续发展而制定。

《中华人民共和国大气污染防治法》包括总则，大气污染防治标准和限期达标规划、大气污染防治的监督管理、大气污染防治措施、重点区域大气污染联合防治、重污染天气应对、法律责任和附则，共 8 章 129 条。

《中华人民共和国大气污染防治法》作了以下规定：

① 防治大气污染，应当以改善大气环境质量为目标，坚持源头治理，规划先行，转变经济发展方式，优化产业结构和布局，调整能源结构。

② 防治大气污染，应当加强对燃煤、工业、机动车船、扬尘、农业等大气污染的综合防治，推行区域大气污染联合防治，对颗粒物、二氧化硫、氮氧化物、挥发性有机物、氨等大气污染物和温室气体实施协同控制。

③ 县级以上人民政府应当将大气污染防治工作纳入国民经济和社会发展规划，

加大对大气污染防治的财政投入。地方各级人民政府应当对本行政区域的大气环境质量负责，制定规划，采取措施，控制或者逐步削减大气污染物的排放量，使大气环境质量达到规定标准并逐步改善。

④ 国务院生态环境主管部门会同国务院有关部门，按照国务院的规定，对省、自治区、直辖市大气环境质量改善目标、大气污染防治重点任务完成情况进行考核。省、自治区、直辖市人民政府制定考核办法，对本行政区域内地方大气环境质量改善目标、大气污染防治重点任务完成情况实施考核。考核结果应当向社会公开。

⑤ 县级以上人民政府生态环境主管部门对大气污染防治实施统一监督管理。县级以上人民政府其他有关部门在各自职责范围内对大气污染防治实施监督管理。

⑥ 国家鼓励和支持大气污染防治科学技术研究，开展对大气污染来源及其变化趋势的分析，推广先进适用的大气污染防治技术和装备，促进科技成果转化，发挥科学技术在大气污染防治中的支撑作用。

⑦ 企业事业单位和其他生产经营者应当采取有效措施，防止、减少大气污染，对所造成的损害依法承担责任。公民应当增强大气环境保护意识，采取低碳、节俭的生活方式，自觉履行大气环境保护义务。

二、《中华人民共和国水污染防治法》

《中华人民共和国水污染防治法》是根据 2017 年 6 月 27 日第十二届全国人民代表大会常务委员会第二十八次会议《关于修改〈中华人民共和国水污染防治法〉的决定》第二次修正。该法为了保护和改善环境，防治水污染，保护水生态，保障饮用水安全，维护公众健康，推进生态文明建设，促进经济社会可持续发展而制定。适用于中华人民共和国领域内的江河、湖泊、运河、渠道、水库等地表水体以及地下水体的污染防治。

《中华人民共和国水污染防治法》包括：总则、水污染防治的标准和规划、水污染防治的监督管理、水污染防治措施、饮用水水源和其他特殊水体保护、水污染事故处置、法律责任和附则，共 8 章 103 条。

《中华人民共和国水污染防治法》作了以下规定：

① 水污染防治应当坚持预防为主、防治结合、综合治理的原则，优先保护饮用水水源，严格控制工业污染、城镇生活污染，防治农业面源污染，积极推进生态治理工程建设，预防、控制和减少水环境污染和生态破坏。

② 县级以上人民政府应当将水环境保护工作纳入国民经济和社会发展规划。地方各级人民政府对本行政区域的水环境质量负责，应当及时采取措施防治水污染。

③ 省、市、县、乡建立河长制，分级分段组织领导本行政区域内江河、湖泊的水资源保护、水域岸线管理、水污染防治、水环境治理等工作。

④ 国家实行水环境保护目标责任制和考核评价制度，将水环境保护目标完成情况作为对地方人民政府及其负责人考核评价的内容。

⑤ 国家鼓励、支持水污染防治的科学技术研究和先进适用技术的推广应用，加强水环境保护的宣传教育。

⑥ 国家通过财政转移支付等方式，建立健全对位于饮用水水源保护区区域和江河、湖泊、水库上游地区的水环境生态保护补偿机制。

⑦ 县级以上人民政府环境保护主管部门对水污染防治实施统一监督管理。交通主管部门的海事管理机构对船舶污染水域的防治实施监督管理。县级以上人民政府水行政、国土资源、卫生、建设、农业、渔业等部门以及重要江河、湖泊的流域水资源保护机构，在各自的职责范围内，对有关水污染防治实施监督管理。

⑧ 排放水污染物，不得超过国家或者地方规定的水污染物排放标准和重点水污染物排放总量控制指标。

⑨ 任何单位和个人都有义务保护水环境，并有权对污染损害水环境的行为进行检举。县级以上人民政府及其有关主管部门对在水污染防治工作中做出显著成绩的单位和个人给予表彰和奖励。

三、《中华人民共和国海洋环境保护法》

《中华人民共和国海洋环境保护法》于 2023 年 10 月 24 日第十四届全国人民代表大会常务委员会第六次会议第二次修订。该法是为了保护和改善海洋环境，保护海洋资源，防治污染损害，保障生态安全和公众健康，维护国家海洋权益，建设海洋强国，推进生态文明建设，促进经济社会可持续发展，实现人与自然和谐共生而制定。适用于中华人民共和国管辖海域。

在中华人民共和国管辖海域内从事航行、勘探、开发、生产、旅游、科学研究及其他活动，或者在沿海陆域内从事影响海洋环境活动的任何单位和个人，应当遵守本法。在中华人民共和国管辖海域以外，造成中华人民共和国管辖海域环境污染、生态破坏的，适用该法相关规定。

《中华人民共和国海洋环境保护法》包括：总则、海洋环境监督管理、海洋生态保护、陆源污染物污染防治、工程建设项目污染防治、废弃物倾倒污染防治、船舶及有关作业活动污染防治、法律责任和附则，共 9 章 124 条。

四、《中华人民共和国噪声污染防治法》

《中华人民共和国噪声污染防治法》由中华人民共和国第十三届全国人民代表大会常务委员会第三十二次会议于 2021 年 12 月 24 日通过，自 2022 年 6 月 5 日起施行。该法是为了防治噪声污染，保障公众健康，保护和改善生活环境，维护社会和谐，推进生态文明建设，促进经济社会可持续发展而制定，噪声污染的防治，适用该法。因从事本职生产经营工作受到噪声危害的防治，适用劳动保护等其他有关法律的规定。

该法所称噪声，是指在工业生产、建筑施工、交通运输和社会生活中产生的干扰周围生活环境的声音。该法所称噪声污染，是指超过噪声排放标准或者未依法采取防控措施产生噪声，并干扰他人正常生活、工作和学习的现象。

《中华人民共和国噪声污染防治法》包括：总则、噪声污染防治标准和规划、噪声污染防治的监督管理、工业噪声污染防治、建筑施工噪声污染防治、交通运输噪声污染防治、社会生活噪声污染防治、法律责任和附则，共 9 章 90 条。

《中华人民共和国噪声污染防治法》作了以下规定：

① 噪声污染防治应当坚持统筹规划、源头防控、分类管理、社会共治、损害担责的原则。

② 县级以上人民政府应当将噪声污染防治工作纳入国民经济和社会发展规划、生态环境保护规划，将噪声污染防治工作经费纳入本级政府预算。生态环境保护规划应当明确噪声污染防治目标、任务、保障措施等内容。

③ 地方各级人民政府对本行政区域声环境质量负责，采取有效措施，改善声环境质量。国家实行噪声污染防治目标责任制和考核评价制度，将噪声污染防治目标完成情况纳入考核评价内容。

④ 县级以上地方人民政府应当依照本法和国务院的规定，明确有关部门的噪声污染防治监督管理职责，根据需要建立噪声污染防治工作协调联动机制，加强部门协同配合、信息共享，推进本行政区域噪声污染防治工作。

⑤ 国务院生态环境主管部门对全国噪声污染防治实施统一监督管理。地方人民政府生态环境主管部门对本行政区域噪声污染防治实施统一监督管理。各级住房和城乡建设、公安、交通运输、铁路监督管理、民用航空、海事等部门，在各自职责范围内，对建筑施工、交通运输和社会生活噪声污染防治实施监督管理。基层群众性自治组织应当协助地方人民政府及其有关部门做好噪声污染防治工作。

⑥ 任何单位和个人都有保护声环境的义务，同时依法享有获取声环境信息、参与和监督噪声污染防治的权利。排放噪声的单位和个人应当采取有效措施，防止、减轻噪声污染。

⑦ 各级人民政府及其有关部门应当加强噪声污染防治法律法规和知识的宣传教育普及工作，增强公众噪声污染防治意识，引导公众依法参与噪声污染防治工作。新闻媒体应当开展噪声污染防治法律法规和知识的公益宣传，对违反噪声污染防治法律法规的行为进行舆论监督。国家鼓励基层群众性自治组织、社会组织、公共场所管理者、业主委员会、物业服务人、志愿者等开展噪声污染防治法律法规和知识的宣传。

⑧ 国家鼓励、支持噪声污染防治科学技术研究开发、成果转化和推广应用，加强噪声污染防治专业技术人才培养，促进噪声污染防治科学技术进步和产业发展。

⑨ 对在噪声污染防治工作中做出显著成绩的单位和个人，按照国家规定给予表彰、奖励。

五、《中华人民共和国固体废物污染环境防治法》

《中华人民共和国固体废物污染环境防治法》是 2020 年 4 月 29 日十三届全国人大常委会第十七次会议审议通过了修订后的固体废物污染环境防治法，自 2020 年 9 月 1 日起施行。该法是为了保护和改善生态环境，防治固体废物污染环境，保障公众健康，维护生态安全，推进生态文明建设，促进经济社会可持续发展而制定。固体废物污染环境的防治适用该法。固体废物污染海洋环境的防治和放射性固体废物污染环境的防治不适用该法。

国家推行绿色发展方式，促进清洁生产和循环经济发展。国家倡导简约适度、绿色低碳的生活方式，引导公众积极参与固体废物污染环境防治。固体废物污染环境防治坚持减量化、资源化和无害化的原则。任何单位和个人都应当采取措施，减少固体废物的产生量，促进固体废物的综合利用，降低固体废物的危害性。

《中华人民共和国固体废物污染环境防治法》作了以下规定：

① 固体废物污染环境防治坚持污染担责的原则。产生、收集、贮存、运输、利用、处置固体废物的单位和个人，应当采取措施，防止或者减少固体废物对环境的污染，对所造成的环境污染依法承担责任。

② 国家推行生活垃圾分类制度。生活垃圾分类坚持政府推动、全民参与、城乡统筹、因地制宜、简便易行的原则。

③ 地方各级人民政府对本行政区域固体废物污染环境防治负责。国家实行固体废物污染环境防治目标责任制和考核评价制度，将固体废物污染环境防治目标完成情况纳入考核评价的内容。

④ 各级人民政府应当加强对固体废物污染环境防治工作的领导，组织、协调、督促有关部门依法履行固体废物污染环境防治监督管理职责。省、自治区、直辖市之间可以协商建立跨行政区域固体废物污染环境的联防联控机制，统筹规划制定、设施建设、固体废物转移等工作。

⑤ 国务院生态环境主管部门对全国固体废物污染环境防治工作实施统一监督管理。国务院发展改革、工业和信息化、自然资源、住房城乡建设、交通运输、农业农村、商务、卫生健康、海关等主管部门在各自职责范围内负责固体废物污染环境防治的监督管理工作。地方人民政府生态环境主管部门对本行政区域固体废物污染环境防治工作实施统一监督管理。地方人民政府发展改革、工业和信息化、自然

资源、住房城乡建设、交通运输、农业农村、商务、卫生健康等主管部门在各自职责范围内负责固体废物污染环境防治的监督管理工作。

⑥ 国家鼓励、支持固体废物污染环境防治的科学研究、技术开发、先进技术推广和科学普及，加强固体废物污染环境防治科技支撑。

⑦ 国家机关、社会团体、企业事业单位、基层群众性自治组织和新闻媒体应当加强固体废物污染环境防治宣传教育和科学普及，增强公众固体废物污染环境防治意识。学校应当开展生活垃圾分类以及其他固体废物污染环境防治知识普及和教育。

⑧ 各级人民政府对在固体废物污染环境防治工作以及相关的综合利用活动中做出显著成绩的单位和个人，按照国家有关规定给予表彰、奖励。

六、与生态环境保护相关的法律法规

经过多年的努力，我国生态环境保护工作与生态环境保护立法取得较大进展和一定成果。其中，关于生态资源保护方面的立法主要有：《中华人民共和国野生动物保护法》及其实施条例，《中华人民共和国野生植物保护条例》《中华人民共和国渔业法》及其实施细则，《中华人民共和国森林法》及其实施细则，《中华人民共和国草原法》《中华人民共和国土地管理法》及其实施条例，《中华人民共和国水法》《中华人民共和国矿产资源法》《基本农田保护条例》《中华人民共和国水土保持法》及其实施条例。关于人文生态环境保护的立法主要有：《风景名胜区管理条例》《中华人民共和国自然保护区条例》《中华人民共和国文物保护法》及其实施细则，《中华人民共和国水下文物保护管理条例》《森林公园管理办法》等。可以说在生态环境保护立法和生态环境保护执法两方面都取得一定的成果。

但是，我国生态环境形势依然十分严峻，生态恶化范围仍在扩大、程度在加剧、危害在加重。目前的主要生态问题，一是区域生态平衡严重失调。长江、黄河等大江大河源头区的生态环境恶化加剧，沿江沿河的重要湖泊、湿地日趋萎缩，江河断流、湖泊干涸、地下水位下降严重，林草植被退化，生态功能下降，洪涝灾害、沙尘暴加剧；海洋和淡水渔业水域污染加重，海蚀范围扩大，水域渔业功能削弱；资源的不合理开发导致生态破坏问题依然严重，环境恢复治理滞后。二是生物多样性受到严重威胁。全国野生动植物物种丰富区的面积不断减少，珍稀野生动植物栖息地环境恶化、种群数量减少，种质资源及野生亲缘种丧失，珍贵药用野生植物数量锐减，珊瑚礁、红树林破坏严重，近海天然渔业资源衰退。三是农村生态环境质量持续下降。秸秆、畜禽粪便等各种养殖业的废物排放，农药、化肥等农用化学品的不合理使用，以及生活污水、垃圾污染，是当前农村环境面临的主要问题。

目前，我国的生态恶化呈现出两个方面的特点，一是积点连片，由原来的局部、小范围的生态破坏恶化逐步演变成区域性、大范围的生态恶化；二是从量变到质变，由原来以单要素为主的生态破坏，逐步发展成整个区域或流域生态的结构性破坏，功能退化甚至是完全丧失。因此，只有认真做好以下三方面的工作，才能提高生态环境保护的整体能力，尽快遏制生态恶化加剧的趋势。

（1）加快生态保护立法。推进《生态环境保护法》立法工作，抓紧制定生物安全管理条例、生态功能保护区管理条例、遗传资源保护条例和防止外来物种管理条例；完成草原法的修订，完善生态用水的管理法规；进一步健全、完善地方性生态保护、自然保护区管理法规和监管制度。

（2）加大现有环境保护和自然资源管理法律、法规的执法力度。建立部际生态环境保护联合执法机制，重点抓好生态破坏大案、要案的查处，树立生态环境保护执法权威。

（3）加强生态保护标准建设。抓紧生态省、生态市、生态县标准的制定；完善制定各种自然资源开发的生态影响评价指标和标准、生态破坏控制标准和恢复治理标准以及生态保护技术规范和技术政策；制定统一的省域生态环境质量考核标准、生态旅游示范区建设标准、自然保护区、风景名胜区和森林公园环境保护考核标准；制定农药、化肥环境安全控制标准等。

七、《中华人民共和国清洁生产促进法》

《中华人民共和国清洁生产促进法》于2012年2月29日第十一届全国人民代表大会常务委员会第二十五次会议通过，自2012年7月1日起施行。它包括总则、清洁生产的推行、清洁生产的实施、鼓励措施、法律责任、附则，共六章。

同“可持续发展”一样，“清洁生产”也是自20世纪90年代以来在世界范围内逐步得到认同的一种促进环境保护和经济协调发展的全新思维方式。现在，清洁生产作为重要的环境战略，已得到大多数国家的认可。我国在以环境保护为基本国策的前提下，也十分重视清洁生产推进工作，与此同时还积极促进循环经济的发展。清洁生产与循环经济两个概念的提出基于同一时代要求，又同以工业生态学为理论基础，故具有共同的目标与实践的途径，其主要区别是清洁生产是循环经济系统的基础，即在实施层次上有别。

第五节 环境标准

环境标准包括环境质量标准和污染物排放控制标准（含污染物排放标准，危险废物鉴别标准和固体废物处理处置污染控制标准，放射性污染防治标准）。它们统属环境技术法规，是指法律明确授权环保部门制定的具有特定法律效力，含有技术要求的规范性文件，属于行政立法的范畴。环保标准是环保工作的基础、相关法规体系的重要组成部分、环境质量管理和污染控制的法律依据、排污单位遵守环境法规的基本准则，没有它，污染控制和治理等就没了依据。

我国的环保标准体系由国家、地方两级构成。国家级标准包括环境质量标准、污染物排放（控制）标准、国家环境监测类标准、国家环境管理规范类标准和国家环境基础类保准。地方级标准只有环境质量标准和污染物排放（控制）标准两类。

环境质量标准是为了保护人群健康、社会物质财富和维持生态平衡而对有害物质或因素所做的规定，是环境政策目标，是制定污染物排放（控制）标准的依据。用于衡量一定时期内环境的优劣程度，从某种意义上讲是环境质量的目标标准。同时，环境质量标准也是制定各类环境标准的依据，它为环境管理部门提供工作指南和监督依据。具体而言，环境质量标准对环境中有害物质和因素作出限制性规定，它既规定了环境中各污染因子的容许含量，又规定了自然因素应该具有的不能再下降的指标。我国的环境质量标准按环境要素和污染因素分成大气、水质、土壤、噪声、放射性等各类环境质量标准。我国环境质量标准是分级的，质量标准级别的划分与环境功能区一一对应。

污染物排放（控制）标准是为了实现环境质量标准目标，结合技术经济条件和环境特点，对排入环境的污染物或有害因素所做的控制规定。根据环境质量标准及污染治理技术、经济条件，而对排入环境的有害物质和产生危害的各种因素所做的限制性规定，是对污染源排放进行控制的标准。污染物排放（控制）标准是确认某排污行为是否合法的依据和实现环境质量标准的手段，是结合环保需求和行业经济、技术发展水平对排污单位提出的最基本的污染物排放控制要求。

按照一般的理解，只要严格执行排放标准环境质量就应该达标，而事实上由于各地区污染源的数量、种类不同，污染物降解程度及环境自净能力不同，即使排放满足了要求，环境质量也不一定达到要求。为解决此矛盾还制定了污染物的总量指标，将一个地区的污染物排放与环境质量的要求联系起来。

我国环境标准当前重点解决的问题是环保标准体系不健全、科学性与公开性不足、经费投入少等。目前，标准还存在着与环保执法和监管不相适应的现象。如现行的环保标准管理体制与法律规定、国际通行做法以及我国加入 WTO 的承诺还有很大差距。环保标准属于法律范畴，但是“超标即违法”仍然没有成为多数环保法律的基本内容，而环境质量、污染物排放标准仍未完全按照我国加入 WTO 的承诺转化为具有强制效力的技术法规，因此，难以防止国外污染环境的产品和技术向国内转移。

另外，许多排放标准在实施后，长期没有修订，以至于技术内容与形势不适应、控制水平落后、无法督促行业技术的进步；由于用于制定污染物监测方法标准、技术规范的技术水平比较落后，先进的监测技术方法标准缺少，污染物监测方法数量不足，生态保护标准数量较少，标准远远不能满足生态保护的需求。

排放标准体系的科学性、完整性、系统性、协调性和可操作性尚待提高，标准适用范围存在重叠、空缺现象；行业型污染物排放标准数量少，覆盖面不宽；标准的科学性不足，开展的基础研究较少；在污染物排放标准制订过程中，对排放控制水平的经济和技术成本、可行性分析不足；用于指导环保管理和执法工作的技术规范，在种类、数量、质量等方面，与实际需要相比差距较大。

第六节 国际环境法

国际环境法是调整国际社会在开发、利用、保护和改善人类环境过程中而产生的国际社会关系法律规范的总和。国际环境法是融合环境法和国际法等多种法律而形成的自成体系的一个独立的法律分支。

一、国际环境法的主体

国际环境法的主体是国际社会中为开发、利用、保护和改善人类环境而产生的权利和义务关系的参与者。国际环境法的主体可分为主权国家、国际组织、法人（企业、社团）、自然人。

二、国际环境法的客体

国际环境法的客体是国际社会中为开发、利用、保护和改善人类环境而产生的权利和义务关系所指的共同的对象。包括全球的生态环境系统，如全球气候、土地、海洋、森林、生物多样性等，包括区域的生态环境系统，如河流、湖泊、自然保护区、珍稀濒危野生动植物物种、城市环境等。

三、国际环境法的基本构成

国际环境法的基本构成是：重要的国际宣言、决议、大纲，国际环境条约，国际习惯法，一般法律原则、条约或国际习惯法认可的环境标准、准则或建议，一般国际法中的环境保护规范、国际社会认可的国内法等。

人们一般把被各国共同接受、灵活性较大、约束力较弱的国际宣言等称为软法。譬如《人类环境宣言》《环境与发展宣言》，这两个宣言提出许多调整国际环境关系的原则，在政治上、道义上、伦理上具有很大的影响力，它是国际条约法形成的前提和基础。

人们一般把条约称为硬法，它是国际环境法的主要构成。条约包括双边、多边条约、国际公约、各种协定、协议、议定书等。重要的环境国际公约有：《生物多样性公约》《联合国气候变化框架公约》等。

国际习惯法是以各国的惯例为基础确立的，它普遍适用于整个国际社会，约束国际社会的所有主体。有些没有正式生效的国际公约、国际判例、仲裁案例等也有一定的约束力，实际上起到了国际习惯法的作用。例如许多国家普遍采用的“污染者负担原则”、“环境影响评价制度”等已经成为国际环境法的重要组成部分。

四、主要国际环境法一览

1．大气

《联合国气候变化框架公约》（UNFCCC），巴西、里约热内卢，1992-6-4

《京都议定书》，京都，1997-12-11

《保护臭氧层维也纳公约》，维也纳，1985-3-22

《蒙特利尔议定书》，蒙特利尔，1987-9-16

《伦敦修正案》，伦敦，1990-6-29

《哥本哈根修正案》，哥本哈根，1992-11-25

2．危险物质

《控制危险废料越境转移及其处置巴塞尔公约》，巴塞尔，1989-3-22

3．海洋环境全球性公约

《防止倾倒废物和其他物质污染海洋公约》（1972年伦敦公约），伦敦，1972

《海上运输危险和有毒物质损害责任及赔偿国际公约》（HNS 公约），伦敦，1996

《1969年油类污染损害民事责任国际公约》（1969CLC），布鲁塞尔，1969

《2001年船用燃料油污染损害民事责任国际公约》（燃料舱公约），伦敦，2001

《油类污染准备、应急与合作国际公约》（OPRC），伦敦，1990

《干预公海油类污染事故国际公约》，布鲁塞尔，1969

《联合国海洋法公约》（海洋法公约），蒙特哥贝，1982

4．海洋生物资源

《保护大西洋金枪鱼国际公约》，堪培拉，1980

《国际捕鲸管制公约》，华盛顿，1946

5．自然保护和陆地生物资源

《南极条约》，华盛顿，1959

《南极条约环境保护议定书》（马德里议定书），马德里，1991

《保护世界文化和自然遗产公约》（世界遗产公约），巴黎，1972

《生物多样性公约》（CBD），内罗毕，1992

《濒危野生动植物物种国际贸易公约》（CITES），华盛顿，1973

《关于特别是作为水禽栖息地的国际重要湿地公约》（拉姆萨尔公约），拉姆萨尔，1971

《联合国防治荒漠化公约》，巴黎，1994

《国际热带木材协定》，日内瓦，1994

6．核安全

《核事故或辐射紧急情况援助公约》，维也纳，1986

《核事故及早通报公约》，维也纳，1986

《核安全公约》，维也纳，1994

第七节　我国环境法与国际环境法

一、概述

随着中国逐步进入国际经济大循环和国际环境保护舞台，在环境立法和环境技术规则、环境标准的制定等环境法制建设中，中国正在加快与国际环境条约、国际惯例的接轨的步伐。与此同时更注重学习、借鉴、吸收外国环境法制建设中的先进经验。为此，中国确定了国内环境法与国际环境法接轨的政策目标，确定了环境立法和环境法实施方面的国际合作政策。

这种发展趋势主要表现在如下几个方面：①中国环境法与外国环境法、区域环境法、国际环境法之间的相互联系日益紧密；②中国越来越强调国内环境法与国际环境法的协调和接轨，着力促进中国环境法与外国环境法之间的协调；③中国环境法越来越多地吸收国际环境法中的原则、措施和制度，自愿采纳国际通用的环境标准；④中国环境法越来越多地采用外国环境法中的先进法律措施和管理制度；⑤中国环境法与外国环境法之间的共同点、相似性越来越多；⑥中国日益重视环境法的信息交流、环境法宣传教育和培训方面的国际合作。

为了实现国内环境立法与国际环境公约的接轨，中国在新的环境立法中体现了《保护臭氧层维也纳公约》《联合国气候变化框架公约》《控制危险废物越境转移及处置巴塞尔公约》的有关内容；已经发布《关于严格控制境外有害废物转移到我国的通知》（1991 年 3 月 7 日国家环境保护局、海关总署发布），《化学品首次进口及有毒化学品进出口环境管理规定》（1994 年 3 月 16 日国家环境保护局公布），《关于坚决控制境外废物向我国转移的紧急通知》（国务院办公厅 1995 年 11 月

17日发布），《废物进口环境保护管理暂行规定》（国家环境保护局、对外贸易经济合作部、海关总署、国家工商局和国家商检局联合发布，1996年3月1日）等法规、规章。

二、加入WTO与我国的环境保护法

中国成为WTO正式成员的事实意味着WTO的原则和规则在中国必须得到严格的遵守，意味着中国必须变革其环境保护法律制度以适应WTO原则和规则的要求。WTO的原则和一般规则对各成员国环境保护法律制度的基本要求是同一的、无差别的，但是因政治、经济体制以及经济和法制建设条件的差异，WTO的原则和一般规则对每个具体国家环境保护法律制度的要求又具有一定的特殊性。

WTO对各国环境保护法律制度的一般要求，是指所有WTO成员国在创设与变更其环境保护法律制度时都要遵守且不能存在任何例外的要求。综合《马拉喀什建立世界贸易组织协定》《1994年关贸总协定》《补贴与反补贴措施协定》《服务贸易总协定》《技术性贸易壁垒协定》《关于卫生和动植物检疫措施的协议》等的有关规定，WTO对各国环境保护法律制度的一般要求主要有：①最惠国待遇与国民待遇要求；②统一实施与透明度要求；③司法审查要求；④促进国际贸易的开放、自由发展和公平竞争的要求。

WTO对我国环境保护法律制度也提出了一系列特殊要求，按照WTO框架协议，WTO的成员国必须是市场经济或转型经济的国家。经济基础决定上层建筑，市场经济体制的特性决定了属于上层建筑的环境保护法律制度必须与之适应并为之服务，即市场经济国家必须实行以市场调节为主，以规划、计划和行政手段干预或宏观调控为辅的环境保护法律制度。因此，WTO规则对我国的环境保护法律制度的创设与变革提出了以下特殊的要求：

（1）建立以市场为导向的环境保护法律调控体系。

（2）按照承诺有步骤地开放环境保护市场。

（3）正确处理党的文件、党和政府的内部规定与国家环境保护法律制度的透明度关系。

（4）正确处理国家法律与地方法规之间，部门规章之间，部门规章和地方法规、地方规章之间环境保护法律制度的统一、协调问题。

（5）明确地方政府的环境保护责任，克服轻视环境保护的地方经济增长主义。

（6）国有企业与其他企业在环境保护法律制度立法和法律适用上的平等性和同一性。

从20世纪70年代特别是1992年巴西里约热内卢联合国环境与发展大会召开以来，我国的环境保护法制建设已经取得了巨大的成绩，虽然目前面临着进一步市场化及与国际接轨的挑战，但已经形成了体系比较完备、结构比较严密且协调的环境保护法律制度框架体系。这些具体的环境保护法律制度正逐渐组合成环境保护法律、规划、政策与决策的制定，环境保护法律职责、权利和义务，环境保护市场准入与市场运行，环境责任与纠纷处理六个方面的环境保护法律权利享受、义务履行与责任承担的制度体系。

第七章　环境污染防治

第一节　水污染防治

随着经济的迅速发展，用水量日益增加，而由于工业废水和生活污水的污染，水质日益恶化。我国水资源70%被污染，3亿人在饮用不清洁水，1.9亿人饮用的水中含有害物质。因此，正确认识中国水资源的特点，合理开发利用，防止水污染，保护水资源是刻不容缓的任务。

一、水污染的来源

造成水体污染的因素很多，具体有几个方面。

（1）工业污染源。在工业生产过程中要消耗大量新鲜水，排出废水，其中夹带许多原料、中间产品或成品，例如重金属、有毒化学品、酸碱、有机物、油类、悬浮物和放射性物质等。不同工业、不同产品、不同工艺过程及不同原材料等排出的废水水质、水量差异很大。因此，工业废水具有面广、量大、成分复杂、毒性大、不易净化和难处理的特点。工业污染物如不加妥善处理就大量排入水体，必然会对水体造成严重的污染，对人体造成危害。

（2）生活污染源。人们在生活过程中排出大量的污水，如厨房污水、粪便污水和洗涤污水等。生活污水含有大量的有机物（占70%）、病原菌、寄生虫卵等，排入水体或渗入地下将造成严重污染，生活污水的水质成分呈较规律的变化，用水量则呈较规律的季节变化。随着城市人口的增长及饮食结构的改变，其用水量不断增加，水质成分亦有所变化。

（3）其他污染源。雨、雪水淋洗大气中的有毒污染物、冲刷地面污染物后进入水体；农田施用的农药、化肥以及牲畜粪便等农村污水流失到水体中均造成水体的严重污染。此类污水具有面广、分散、难于收集和难于治理的特点。

二、水污染防治对策

（一）工业水污染防治对策

1. 宏观性控制对策

首先在宏观性控制对策方面，应把水污染防治和保护水环境作为重要的战略目标，优化产业结构与工业结构，合理进行工业布局。

工业结构的优化与调整应按照“物耗少、能源少、占地少、污染少、运量少、技术密集程度高及附加值高”的原则，限制发展那些能耗大、用水多、污染大的工业，以降低单位工业产品或产值的排水量及污染物排放负荷。积极发展第三产业，优化第一、第二与第三产业之间的结构比例，达到既促进经济发展，又降低污染负荷的目的。

2. 技术性控制对策

技术性控制对策主要包括：推行清洁生产、节水减污、实行污染物排放总量控制、加强工业废水处理等。

在工业企业内部加强技术改造，推行清洁生产，是防治工业水污染重要的对策与措施。这不仅可以从根本上消除水污染，取得显著的环境效益，而且还可以带来巨大的经济效益和社会效益。

发展节水型工业对于节约水资源，缓解水资源短缺和经济发展的矛盾，同时减少水污染和保护水环境具有十分重要的意义。

污染物排放总量控制是既要控制工业废水中的污染物浓度，又要控制工业废水的排放量，从而使排放到环境中的污染物总量得到控制。

工业废水的水质必须满足进入城市下水道的水质标准。对于不能满足标准的工业废水，应进行适当的预处理，使水质满足标准后，方可排入城市下水道。在城市废水处理厂集中处理工业废水与生活污水能节省基建投资和运行管理费用，取得更好的处理效果。

3. 管理性控制对策

进一步完善废水排放标准和相关的水污染控制法规和条例，加大执法力度，严格限制废水的超标排放。在不同层次健全环境监测网络，如车间、工厂总排出口和受纳水体进行水质监测，并增强事故排放的预测与预防能力。

（二）城市水污染防治对策

1. 将水污染防治纳入城市的总体规划

（1）不断完善下水道系统。

（2）改造旧城区雨污合流制系统。

（3）新城区建设应在规划时考虑配套建设雨污分流制下水道系统。

（4）建设城市污水处理厂。

2．城市污水的防治应遵循集中与分散相结合的原则

3．积极将城市水污染的防治与城市污水资源化相结合

在水资源短缺地区，考虑城市水污染防治对策时应充分注意与城市污水资源化相结合，在消除水污染的同时，进行废水再生利用，以缓解城市水资源短缺的局面。

4．加强城市地表和地下水源的保护

城市水污染的防治规划应将饮用水水源的保护放在首位，以确保城市居民安全饮用水的供给。

5．大力开发低耗高效废水处理与回用技术

（三）农村水污染防治对策

农村水污染常为面源污染，以无组织排放方式进入水体，其污染源面广且分散，污染负荷也很大，是水污染防治中较难解决的问题。应通过发展节水型农业，合理地利用化肥和农药，加强对畜禽排泄物、乡镇企业废水及村镇生活污水的收集处理并进行防治。

三、水体自净与水环境容量

（一）水体自净

污染物随污水排入水体后，经过物理、化学与生物化学的作用，使污染物的浓度降低或总量减少，受污染的水体部分或完全恢复原状，这种现象称为水体自净作用。按照净化机理可分为 3 类：物理净化作用、化学净化作用和生物化学净化作用。

例如水体中氮的迁移转化：

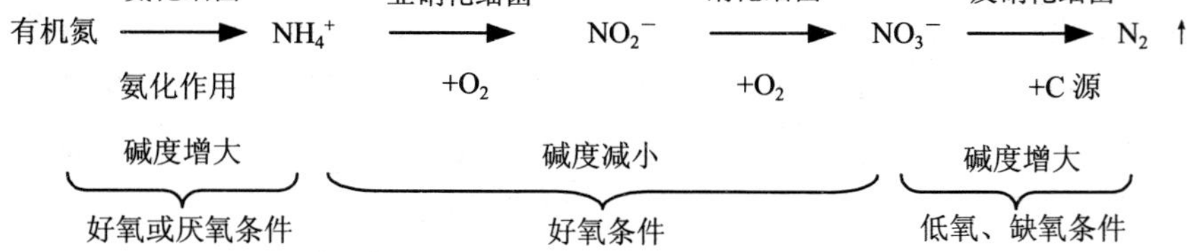

（二）水环境容量

水环境容量是指在不影响水的正常用途的情况下，水体所能容纳的污染物的量或自身调节净化并保持生态平衡的能力。水环境容量是制定地方性、专业性水域排放标准的依据之一，环境管理部门利用它确定在固定水域允许排入污染物的量。

四、主要的水质指标

（一）物理性指标

1. 温度

工矿企业（电厂等）向水体排放高温废水，污水温度过高而引起的危害，叫做热污染。

水温迅速升高的危害：① 使水体溶解氧浓度降低，大气中的氧向水体传递的速率减慢。导致生物耗氧速度加快，使水体中溶解氧消耗快，水质恶化，造成鱼类和水生生物缺氧死亡；② 加快藻类繁殖，加快水体富营养化进程；③ 导致水体中的化学反应加快，水体的物化性质如离子浓度、电导率、腐蚀性发生变化，可能对管道和容器造成腐蚀；④ 加速细菌生长繁殖，增加后续水处理的费用。

2. 固体含量

固体污染物在水中以三种状态存在：溶解态、胶体态和悬浮态。固体污染物用悬浮物和浊度两个指标表示。

固体污染物的危害主要表现为：① 悬浮固体可能堵塞鱼鳃，导致鱼类窒息死亡；② 水体中微生物对有机悬浮固体的代谢作用，会消耗水体中的溶解氧；③ 固体物质中的可沉固体沉积于河底，造成底泥积累与腐化，使水体水质恶化；④ 水中的悬浮固体成为其他污染物的载体，随水漂流迁移。

（二）化学性指标

1. 无机污染物指标

（1）酸碱度。一般要求水体 pH 在 6～9。当天然水体遭受酸碱污染时，pH 发生变化，消灭或抑制水体中生物的生长，妨碍水体自净，还腐蚀船舶。

（2）植物性营养元素。过多的氮、磷进入天然水体易导致富营养化，导致水体植物尤其是藻类的大量繁殖，造成水中溶解氧的急剧变化，影响鱼类生存，并可能使某些湖泊由贫营养湖发展为沼泽和干地。

（3）重金属。重金属离子在水体中质量浓度达到 0.01～10 mg/L，即可产生毒性效应；不能被微生物降解，而一些重金属离子在微生物的作用下，会转化为毒性更大的金属有机化合物；水生生物从水体中摄取重金属后在体内积累，并经食物链进入人体，甚至还会通过遗传或母乳传给婴儿；重金属进入人体后，能在体内某些器官中积累，造成慢性中毒，有时 10～30 年才显露出来。水生生物对常见重金属的平均富集倍数见表 7-1。

表 7-1 水生生物对常见重金属的平均富集倍数

重金属	淡 水 生 物			海 水 生 物		
	淡水藻	无脊椎动物	鱼类	淡水藻	无脊椎动物	鱼类
汞	1 000	100 000	1 000	1 000	100 000	1 700
镉	1 000	4 000	300	1 000	250 000	3 000
铬	4 000	2 000	200	2 000	2 000	400
砷	330	330	330	330	330	230
钴	1 000	1 500	5 000	1 000	1 000	500
铜	1 000	1 000	200	1 000	1 700	670
锌	4 000	40 000	1 000	1 000	105	2 000
镍	1 000	100	40	250	250	100

2. 有机污染物指标

（1）BOD（生化需氧量）。在水温为 20℃的条件下，由于微生物（主要是细菌）的生活活动，将有机物氧化成无机物所消耗的氧量。反映了在有氧的条件下水中可生物降解的有机物的量（以 mg/L 为单位）。

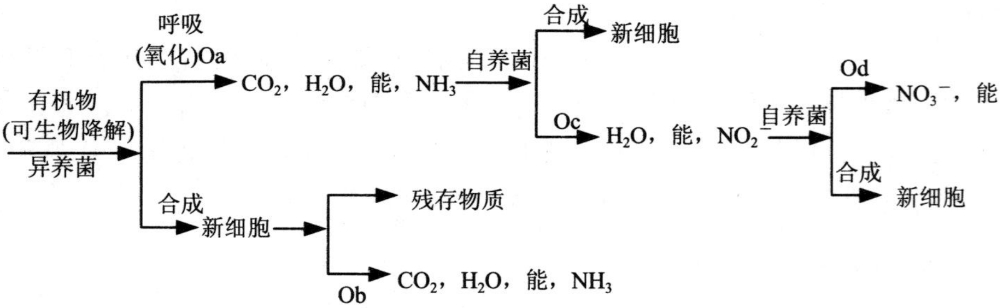

（2）COD（化学需氧量）。化学需氧量（COD）指在强酸性加热条件下，用重铬酸钾作氧化剂处理水样时所消耗氧化剂的量。以氧的 mg/L 表示。化学需氧量反映了水中受还原性物质污染的程度，水中还原性物质包括有机物、亚硝酸盐、亚铁盐、硫化物等。化学需氧量用 COD_{Cr} 或 COD 表示。如采用高锰酸钾作为氧化剂，则写作 COD_{Mn}。与 BOD_5 相比，COD_{Cr} 能够在较短的时间内（规定为 2 h）较精确地测出污水中耗氧物质的含量，并不受水质限制。主要指标浓度值见表 7-2。

3. 生物质指标

主要来源于生活污水（肠道传染病、肝炎病毒、SARs、寄生虫卵等）；制革、屠宰等工业废水（炭疽杆菌、钩端螺旋体等）；医院污水（各种病原体）。

（1）细菌总数。水中细菌总数反映了水体有机污染物程度和受细菌污染的程度，常以细菌个数/mL 计。如饮用水，小于 100 个/mL；医院排水，小于 500 个/mL。

（2）大肠菌群。可表明水样被粪便污染的程度，间接表明有肠道病菌存在的可能性，常以大肠菌群数/L 计。如饮用水，每 100 mL 内不得检出；城市排水，小于 10 000 个/mL；游泳池，小于 1 000 个/mL。

表 7-2　水质标准中主要指标浓度值　　单位：mg/L

主要指标		COD_{Cr}	BOD_5	SS	NH_3-N	TP
一般污水		250～300	100～150	150～200	30（TKN=40）	4～5
国家排放标准 GB 18918	一 A	50	10	10	5（8）	1
	一 B	60	20	20	8（15）	1.5
	二级	100	30	30	25（30）	3
	三级	120	60	50	—	5
中水回用（冲厕）		—	10	5	10	—
地表水	Ⅰ类	小于 15	小于 3	无漂浮沉积物	0.5	0.02
	Ⅱ类	小于 15	3		0.5	0.1（0.25）
	Ⅲ类	15	4		1	0.1（0.05）
	Ⅳ类	20	6		2	0.2
	Ⅴ类	25	10		2	0.2
一般景观用水		COD_{Mn}＜10	8	透明度大于 0.5 m	0.5	0.05
生活饮用水		感官性状与一般化学指标；毒理学指标；细菌学指标；反射性指标				

五、废水处理方法概述

（一）废水处理基本方法

1．物理处理法

常用作工业废水的一级处理或预处理。它既可作为独立的处理方法，也可用作化学处理法、生物处理法的预处理方法。物理处理法主要是用来分离或回收废水中的固体悬浮物，其在处理的过程中不改变污染物质的组成和化学性质。常用方法有沉降与气浮，隔截与过滤，离心分离和蒸发浓缩等。物理处理法所需的投资和运行费用较低，常被优先考虑或采用。但对于大多数的工业废水来说，单纯物理方法净化，往往达不到理想的处理结果，需要与其他的处理方法配合使用。

2．化学处理法

主要是利用化学反应来分离或回收废水中的溶解性物质、胶体物质等污染物，去除废水中的金属离子、有毒污染物、酸碱污染物、有机污染物胶体粒子，同时可回收利用有价成分，达到净化水质与综合利用的双重效果。这种处理方法即使污染物质与水分离，也能够改变污染物的性质，可达到比简单的物理处理方法更高的净化程度。常用的化学方法有：化学沉淀、中和混凝法、氧化还原法等。由于化学处理法需采用化学药剂或材料，故处理费用较高，运行管理的要求也较严格。通常化学处理法需与物理处理法配合起来使用。如化学法处理之前，需用沉淀和过滤等手段作为前处理，或需采用沉淀和过滤等物理处理手段作为化学处理法的后处理等。

3．物理化学处理法

在工业废水的回收处理过程中，利用某些物理化学过程，使污染物分离与去除，并回收其中的有用成分，使废水得到深度处理。尤其需从废水中回收某种特定的物质时，或当工业废水有毒、有害，且不易被微生物降解时，采用物理化学处理方法最为适宜。常用的处理法有：吸附、萃取、离子交换、电解法及电渗析、反渗透等膜分离技术方法等。

4．生物处理法

利用自然界存在的大量微生物在有氧、厌氧及兼氧条件下，降解有机物，使废水得到净化，创造出有利于微生物生长繁殖的环境，使其大量繁殖，以提高分解氧化有机物效率的废水处理方法。利用微生物处理工业废水中的有机物，具有效率高、运行费用低、分解后的污泥可用作肥料等优点。主要用来除去废水中溶解的或胶体状的有机污染物质。常用的处理法有：好氧、厌氧与兼氧生物法，其中常见的有活性污泥法、生物膜法、厌氧消化法、兼氧塘等。具体分类及去除对象见表 7-3。

表 7-3 废水处理方法的分类及去除对象

分　类	处理工艺	处理对象	适用范围
物理处理法	调节池	均衡水质和水量	预处理
	格栅	粗大悬浮物和漂浮物	预处理
	筛网	较细小的悬浮物	预处理
	沉淀	可沉物质	预处理
	气浮	乳化油或比重接近 1 的悬浮物	预处理或中间处理
	离心机	乳化油、固体物	预处理或中间处理
	旋流分离器	较大的悬浮物	预处理
	砂滤池	细小悬浮物、乳化油	中间或深度处理
化学及物理化学处理法	中和	酸、碱性废水	预处理
	混凝	胶体、细小悬浮物	中间或深度处理
	化学沉淀	溶解性有害重金属	中间或深度处理
	氧化还原	溶解性有害物质	中间或深度处理
	吹脱	溶解性气体	预处理或中间处理

分 类	处理工艺	处理对象	适用范围
化学及物理化学处理法	萃取	溶解性有机物	预处理或中间处理
	吸附	溶解性物质	中间或深度处理
	离子交换	可离解物质	深度处理
	电渗析	可离解物质	深度处理
	反渗透膜	盐类	深度处理
生物处理法	好氧生物处理	胶体和溶解性有机物	中间处理
	厌氧生物处理		中间处理
	土地处理		深度处理
	稳定塘		深度处理

（二）常见废水处理工艺

1．城市废水的一般处理工艺流程

其主要任务是去除城市废水中含有的悬浮物和溶解性有机物。一般处理工艺流程如图 7-1 所示，根据不同的处理程度，可分为预处理、一级处理、二级处理和三级处理。

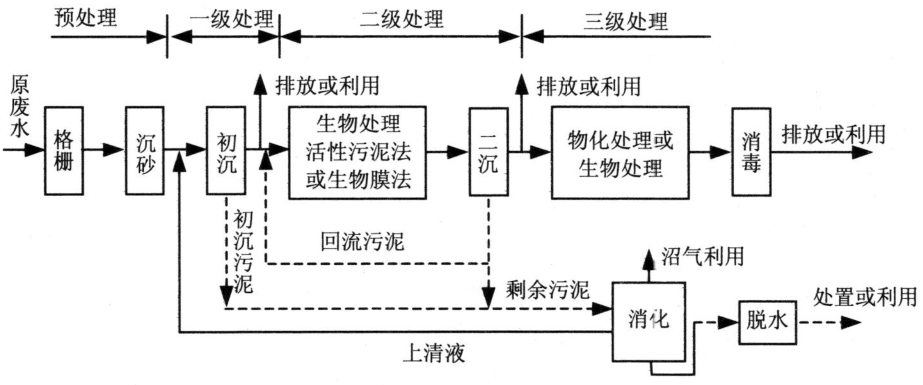

图 7-1 城市废水的一般处理工艺流程

2．工业废水的处理工艺流程举例

（1）重金属废水处理与利用——中和法。其基本原理是向酸性污水中投入中和剂，使重金属离子与氢氧根离子反应，生成难溶于水的氢氧化物沉淀，使污水净化，最后使污水达到排放标准。用该法处理应知道各种重金属形成氢氧化物沉淀的最佳 pH 及处理后溶液中剩余的重金属浓度。处理工艺如图 7-2 所示。

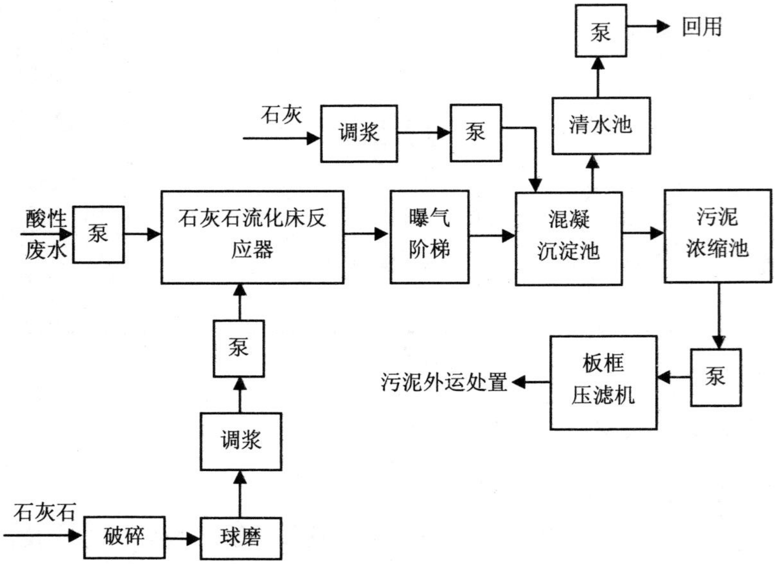

图 7-2 二段中和沉淀处理工艺流程

（2）造纸废水的处理与利用。造纸工业与其他工业一样，在实施清洁生产后，还有部分废水需进行末端无害化处理，以去除废水中残余的纤维、粗大杂物和有机污染物。造纸废水末端处理的对象是洗涤废水、筛洗废水和漂白废水，通常把这三种废水称为中段废水，中段废水的水质与制浆工艺、原材料、清洁生产的实施等多种因素有关，一般为 pH：8～9；COD_{Cr}：200～2 000 mg/L；BOD_5：100～600 mg/L；SS：300～1800 mg/L；酚：0.7～1.75 mg/L；木质素：50～300 mg/L；色度较高。主要处理工艺为一级处理与二级处理，必要时也采用三级处理，如图 7-3 所示。

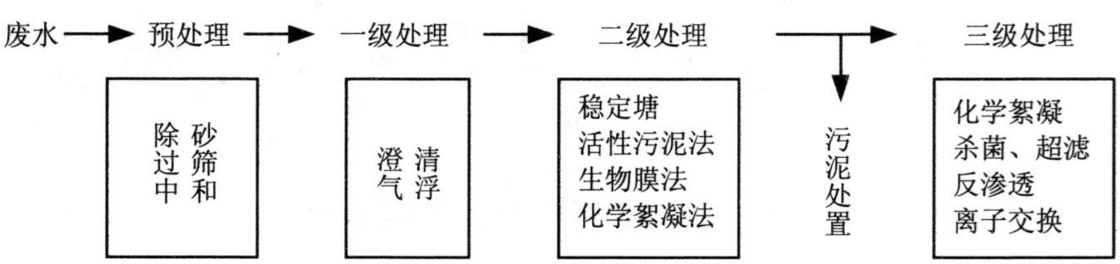

图 7-3 造纸废水处理的一般流程与方法

3. 城市废水资源化

美国城市废水的再生与回用起步较早。目前全美回用城市废水量达 9.37 亿 m^3/a，包括：① 回用灌溉 5.81 亿 m^3/a（占 62%），其中农业灌溉 2.75 亿 m^3/a，景观灌溉 0.46 亿 m^3/a，其他为 2.6 亿 m^3/a；② 工业回用 2.86 亿 m^3/a（占 31.6%），其中工艺用水 0.91 亿 m^3/a，冷却水回用 1.96 亿 m^3/a，锅炉补给水 0.09 亿 m^3/a；③ 回灌地下水 0.47 亿 m^3/a；④ 其他回用（娱乐、养鱼、野生动物栖息地等）0.13 亿 m^3/a。全美有再生水回用点 536 个，其中加州有 238 个。

例如加利福尼亚州橘子县由于超量开采地下水，造成地下水位低于海平面，促使海水不断流向内陆，致使地下淡水退化不宜饮用。为防止地下水位下降造成海水入侵，美国加州橘子县早在 1965 年就开始研究将三级处理出水回灌地下，以阻止海水入侵。橘子县为此兴建了 21 世纪水厂，该厂设计能力为 5 678 m^3/d。原水为城市污水二级处理出水，进一步经沉淀、过滤和活性炭处理后回灌地下水。由于回灌地下总溶解性固体的限制为 500 mg/L，因此一部分再生水在回灌地下水之前还采用反渗透法进行了脱盐。21 世纪水厂的净化水通过 23 座多点注入管井分别注入四个蓄水层，与深层蓄水层井水以 2∶1 的比例混合以阻止海水的入侵。该项工程表明：人工控制海水入侵是可行的；城市废水经深度处理后能够达到饮用水水质标准。工程经长期运行证明稳定、可靠。

第二节 大气污染防治

我国的大气污染也已经到了十分严重的地步。我国以煤炭为主要一次能源，1996 年生产与消费均占一次能源的 75%，这种情况在相当长的时期内不会发生大的变化。大约 72%的工业和蒸汽燃料、52%的化工原料和 92%的民用燃料来自于煤炭，其中最大的用煤行业是电力，其他为化工、冶金、建材、采矿等行业及民用，它们共占煤炭消耗总量的 83%。以煤炭为主的能源结构给环境带来了严重的威胁，我国大气污染以煤烟型污染为特征，燃煤电力提供了 90%以上的热力和电力。据统计，因为燃煤 1997 年我国向大气中排放二氧化硫 1 852 t、粉尘 1 565 t。我国汽车工业的飞速发展造成了日益严重的尾气污染问题，1995 年我国汽车尾气中 CO 的排放量为 770 万 t、碳氢化合物和 CO_2 排放量为 350 万 t。上海市主要交通路口的 CO 和碳氢化合物的日平均质量浓度分别达到 6.54 mg/m^3 和 0.66 mg/m^3。

一、大气污染物的种类及其性质

1. 气态污染物的种类及其性质

气态污染物是以分子状态存在的污染物。最重要的气态污染物有：碳氧化物（一氧化碳、二氧化碳）、硫氧化物（硫化氢、二氧化硫、三氧化硫）、氮氧化物（一氧化氮、二氧化氮）和碳氢化合物。

2．颗粒态污染物的种类及其性质

（1）尘埃。尘埃可分为：① 直接由正在传递或处理的物质上带走的固体颗粒如煤、灰和水泥。② 直接从正在机械加工的原材料上散发的固体物质，如木材厂的木屑。③ 那些用于机械加工的传递材料如喷砂和砂磨中的砂，从稻谷传送机和煤清洗工厂产生的灰尘也归于这类。尘埃中含有相对大的颗粒，如水泥尘埃大约粒径为100 μm。

（2）烟尘。一种固体颗粒，通常是金属的氧化物，在升华、蒸馏和煅烧或化学反应过程中由蒸汽冷凝而成，如锌和铝氧化物由高温过程中挥发的金属冷凝和氧化而成，烟尘的粒径很小，为 0.03～0.3 μm。

（3）雾。通过蒸汽的冷凝或者化学反应所形成的液滴，如硫酸酸雾的形成。二氧化硫气体变成液体是因为其露点为 22℃，三氧化硫颗粒是吸湿性的，雾的直径通常为 0.5～3.0 μm。

（4）烟。由于含碳物质的不完全燃烧而形成的固体颗粒。空气燃烧中，碳氢化合物、有机酸、二氧化硫、二氧化氮也会产生，烟的粒径为 0.05～1 μm。

主要空气污染物及其特性与危害性见表 7-4。

表 7-4 主要空气污染物及其特性与危害性

名称	重要特性	危害性
二氧化硫	无色，强烈的窒息气味，极易溶于水形成亚硫酸	危害作物生长；腐蚀材料；毒害人体，如造成鼻炎、咽喉炎、嗅觉障碍，严重时导致肺炎和窒息等。形成酸雨，破坏土壤和水体环境及生态
三氧化硫	溶于水形成硫酸	具有强烈的腐蚀性；在大气中遇水成为硫酸酸雾，形成酸雨，导致植物枯死
硫化氢	浓度低时有腐蛋味，浓度高时无味	刺激眼睛和呼吸道，浓度高时使人中毒死亡
二氧化氮	无色，相对惰性，在燃烧中不会产生，常在隔绝空气的瓶中用作载体	刺激呼吸器官，导致咳嗽、头痛等，严重时死亡。引发光化学烟雾
一氧化氮	无色气体	引发光化学烟雾
二氧化氮	橙色或棕色气体	光化学烟雾组成中的主要成分
一氧化碳	不完全燃烧的产物，无色无味气体	CO 与血红蛋白结合，导致缺氧、窒息；长期呼吸含低浓度的 CO，造成慢性中毒
二氧化碳	无色，无味气体	完全燃烧产生，可能会影响全球的气候
臭氧	—	危害作物和财产，主要产生于光化学烟雾形成的气候

名称	重要特性	危害性
碳氢化合物	—	对人体的危害主要是造成呼吸道和皮肤疾病，如皮炎、呼吸道和眼睛的炎症，以及头晕、乏力、咳嗽等。具有致癌作用。引发光化学烟雾
铅	—	乏力、苍白、头痛、食欲不振
烟尘及粉尘	—	呼吸道病症、尘肺、肺气肿等

二、大气污染源

自然界和人类每天都向大气中排放许多物质，都可能是大气的污染源。

自然界自身活动过程所产生的颗粒物质如植物花粉、真菌的孢子、森林起火产生的烟雾、火山爆发产生的尘埃以及风将裸露土壤的表层浮土吹起而导致灰尘和微生物细胞向大气中转移等，在一定情况下都有可能成为污染大气、危害人体健康的污染源。另外，自然界中由于微生物活动产生的硫化氢、氨气、二氧化氮、甲烷以及二氧化碳也是大气污染物的重要组成。

大气的人为污染源主要有：居民生活（燃烧各种燃料）、工业生产、交通运输三类，其中交通运输具有移动性的特征。

几种工业生产向大气中排放的主要污染物见表 7-5。

表 7-5　几种工业生产向大气中排放的主要污染物

行业	工厂	排放的主要污染物
电力	火力发电厂	烟尘、二氧化碳、一氧化碳、二氧化硫、苯并芘
冶金	钢铁厂	烟尘、二氧化硫、一氧化碳、氧化铁尘、氧化锰尘
	有色金属冶炼厂	粉尘（含各种重金属）、二氧化硫
	炼焦厂	烟尘、二氧化硫、一氧化碳、硫化氢、酚类、苯、萘、烃类
建材	水泥厂	水泥尘、烟尘
机械	机械加工	烟尘
轻工	造纸厂	烟尘、硫尘、硫化氢
	仪表厂	汞、氰化物
	灯泡厂	烟尘、汞
化工	石油化工厂	二氧化硫、硫化氢、氰化物、氮氧化物、氯化物、烃类
	氮肥厂	烟尘、氮氧化物、一氧化碳、氨气、硫酸酸雾
	氯碱厂	氯气、氯化氢、汞蒸气
	化学纤维厂	烟尘、硫化氢、氨气、二硫化碳、甲醇、丙酮等
	合成橡胶厂	丁间乙烯、苯乙烯、乙烯、异丁烯、异戊二烯、丙烯腈、二氯乙烷
	农药厂	砷、汞、氯气、农药

三、大气污染防治措施

（一）提高能源效率和节能

中国的能源工业面临两方面的挑战，既要满足经济发展对能源的需求，又要同时考虑大气环境保护的因素。《中国 21 世纪议程》把提高能源效率和节能，作为可持续发展战略的关键措施。中国正在实行从粗放型经济向集约型经济的转变，必将大大推进能源效率的提高和节能。

通常用能源消耗强度（单位国内生产总值所消耗的初级能源）衡量一个国家经济的能源效率。自 1980 年以来，中国的能源消耗强度下降了 50%，每年约下降 4.5%，但中国仍是世界上单位能源消耗最高的国家之一。中国与 OECD 国家能源利用率比较见表 7-6。

表 7-6 中国工业部门与 OECD 国家能源利用率的比较

技术和生产过程	中国平均效率水平	OECD 国家的高效率水平
工业锅炉/%	65	＞80
发电（燃煤电厂）/［g·（kW·h）$^{-1}$］	414	＜350
炼钢/（GJ·t^{-1}）	40	20
生产水泥（窑炉）/（kg·t^{-1}）	170	190
鼓风机和泵/%	75	78.5
电力马达/%	87	92

注：表中发电项的单位为每 1 kW·h 电消耗的标准煤量；生产水泥项的单位为每吨熟料消耗的标准煤量。

中国的节能重点为：燃煤电厂、工业锅炉、钢铁工业和建材工业。

提高能源效率和节能不但减少了温室气体的排放，还节约了能源，具有相当的经济效益，是减少污染物排放的最有效方法。

（二）洁净煤技术

中国是世界上最大的煤炭生产国和消费国，传统的煤炭开发利用方式导致严重的煤烟型污染，已成为中国大气污染的主要类型。由于这种以煤为主的能源格局在相当一段时期内难以改变，因此发展洁净煤技术是现实的选择。

洁净煤技术是指在煤炭开发利用的全过程中，旨在减少污染排放与提高利用效率的加工、燃烧、转化及污染控制等新技术。主要包括煤炭洗选、加工（型煤、水煤浆）、转化（煤炭汽化、液化）、先进发电技术（常压循环流化床、加压流化床、整体煤气化联合循环）、烟气净化（除尘、脱硫、脱氮）等方面的内容。

（三）开发清洁能源和可再生能源

能源取代的本质是能源的开发利用从资源型向技术型转化的过程，从粗放式利用向高效率利用的转变进程，从污染环境到保护环境的提高过程。

目前，在世界能源消费结构中，石油占 40%，煤炭占 27%，天然气占 23%。但是随着人们对环境与资源保护意识的提高，能源结构将会有较大的改变。优质、高效、洁净的能源（如天然气、风能、太阳能等）在 21 世纪将有长足的发展。

（四）控制酸雨和二氧化硫污染的举措

酸雨污染是发生在较大范围的区域性污染，酸雨控制区应包括酸雨最严重的地区及其周边二氧化硫排放量较大的地区。而二氧化硫污染集中于城市，污染的主要原因是局部地区大量的燃煤设施排放二氧化硫，故二氧化硫污染控制区应以城市为基本控制单元。

由于二氧化硫排放主要来源于煤炭的消费利用，我国控制二氧化硫排放应对煤炭中硫的生命周期进行全过程控制，见表 7-7。

表 7-7　煤中硫的生命周期全过程控制政策

生命过程	控制措施
煤炭开采	禁止审批新建煤层硫分大于 3%的煤矿； 已建成的生产煤层硫分大于 3%的矿井，到 2000 年一律关闭 （定点供应有烟气脱硫且排放达标的用户除外）
煤炭加工	新建、改建、扩建硫分大于 1.5%的煤矿，必须配套建设相应规模的煤炭洗选设施； 已建成的硫分大于 2%的煤矿，在 2005 年前补建煤炭洗选设施
煤炭运输	计划、交通运输部门要优先保证低硫煤、洗精煤向高硫煤地区的调入
煤炭进口 煤炭销售	城市燃料供应部门供应的燃料含硫量，要符合当地政府规定的燃料硫分指标； 禁止进口含硫量高的燃料油和含硫量大于 1%的煤炭
煤炭转换 终端使用	新建、扩建、改建燃煤硫分大于 1%的电厂，必须建设脱硫设施：现有燃煤硫分≥2%的电厂在 2005 年前、硫分在 1%～2%电厂在 2010 年建成脱硫设施或采取其他控制 SO_2 的措施； 工业锅炉和窑炉到 2000 年 SO_2 达标排放； 对排放二氧化硫的污染源征收排污费； 到 2000 年，禁止市区民用炉灶直接燃原煤

（五）机动车污染控制

1．调整交通需求

既满足居民的需要，又控制机动车的保有量，进行合理的城市规划，即调整交通需求是最有效的途径之一。

2．清洁油品

车用燃料对车辆排放有很大影响，故要有计划地改善燃油品质。

3．清洁汽车

为了减少和控制汽车的污染排放，国内外开发了不少有效的净化措施来减少机动车的污染物排放。

4．配套法规和标准

实施更加严格的机动车尾气排放标准、加强在用车的监督管理均可以减轻日益增加的汽车对空气质量的影响。

5．发展公共交通车

创造清洁健康的城市环境要求政府利用其规划和协调能力于有关的交通管理之中。按照“公交优先”的策略，提供以公共汽车维护的公共交通系统，不仅可降低尾气排放，还将使未来油料的消耗大幅度降低。

6．控制私人汽车拥有量

为了保护城市环境，私人汽车的拥有率必须控制在适度的水平。为了保护城市环境，汽车排污收费应当与燃油价格挂钩。即燃料油价格不仅包括基于燃料本身的总机会成本、油料运输以外消费税，还应包括基础设施附加费和排污费。

（六）工业污染控制

中国的污染控制政策建立在预防为主、防治结合、污染者付费和强化环境管理这三项基本原则的基础上，具体落实为八项环境管理制度。

污染防治重点在于新污染源。此外，控制工业污染要积极促进老企业技术改造，推行清洁生产；推广燃煤锅炉的更新换代，提高锅炉效率；促进乡镇企业更新改造和技术换代，提高乡镇企业污染治理率；积极推广已有的污染控制实用技术措施，提高除尘装置的安置率和除尘效率；推广应用各类烟气净化工艺等。主要技术方法和设备见表 7-8。

表 7-8　大气污染控制中的主要技术方法和设备

大气污染控制技术	物理法	分离	重力除尘、离心除尘、静电除尘、过滤除尘、洗涤除尘；溶剂吸收；物理吸附；换热
		扩散	烟囱高空排放
	化学法	分离	化学吸附
		转化	燃烧、催化转化
	生物法	转化	有机废气的生物处理

第三节　固体废物污染防治与综合利用

固体废物，是指在生产、生活和其他活动中产生的丧失原有利用价值或者虽未丧失利用价值但被抛弃或者放弃的固态、半固态和置于容器中的气态的物品、物质以及法律、行政法规规定纳入固体废物管理的物品、物质。

从广义而言，废物按其形态有气、液、固三态，如果废物是以液态或者气态存在，且污染成分主要是混入一定容量（通常浓度很低）的水或气体（大气或气态物质）之内时分别作为废水或废气看待，一般应纳入水环境或大气环境管理体系，并分别制定有专项法规作为执法依据；而固体废物包括所有经过使用而被弃置的固态或半固态物质，甚至还包括具一定毒害性的液态或气态物质。

应当强调指出的是，固体废物的“废”具有时间和空间的相对性。在此生产过程或此方面可能是暂时无使用价值的，但并非在其他生产过程或其他方面无使用价值。在经济技术落后国家或地区抛弃的废物，在经济技术发达国家或地区可能是宝贵的资源。在当前经济技术条件下暂时无使用价值的废物，在发展了循环利用技术后可能就是资源。因此，固体废物常被看做是“放错地点的原料”。固体废物的来源及主要组成物见表 7-9。

此外，固体废物还具有一些特性，如产生量大、种类繁多、性质复杂、来源分布广泛，并且一旦发生了固体废物所导致的环境污染，其危害就具有潜在性、长期性和不易恢复性。

对固体废物污染的控制，关键在于解决好废物的处理、处置和综合利用问题。首先，需要从污染源头抓起，改进或采用更新的清洁生产工艺，尽量少排或不排废物。这是控制工业固体废物污染的根本措施。其次，需要强化对有害废物污染的控制，实行从产生到最终无害化处置全过程的严格管理。再次，需要提高全民对固体废物污染环境的认识，做好科学研究和宣传教育。

表 7-9　固体废物的来源及主要组成物

类别	废物来源	废物中主要组成物
工矿业固体废物	矿山、选冶	废石、尾矿、金属、废木、砖瓦、水泥、砂石等
	能源煤炭工业	矿石、煤、炭、木料、金属、矸石、粉煤灰、炉渣等
	黑色冶金工业	金属、矿渣、模具、边角料、陶瓷、橡胶、塑料、烟尘、绝缘材料等
	化学工业	金属填料、陶瓷、沥青、化学药剂、油毡、石棉、烟道灰、涂料等
	石油化工工业	催化剂、沥青、还原剂、橡胶、炼制渣、塑料、纤维素等
	有色金属工业	化学药剂、废渣、赤泥、尾矿、炉渣、烟道灰、金属等
	交通运输、机械	涂料、木料、金属、橡胶、轮胎、塑料、陶瓷、边角料等
	轻工业	木质素、木料、金属填料、化学药剂、纸类、塑料、橡胶等
	建筑材料工业	金属、瓦、灰、石、陶瓷、塑料、橡胶、石膏、石棉、纤维素等
	纺织工业	棉、毛、纤维、塑料、橡胶、纺纱、金属等
	电器仪表工业	绝缘材料、金属、陶瓷、研磨料、玻璃、木材、塑料、化学药剂等
	食品加工工业	油脂、果蔬、五谷、蛋类食品、金属、塑料、玻璃、纸类、烟草等
	军工、核工业等	化学药物、一般非危险废物、含放射性废渣、同位素实验室废物、含放射性劳保用品等
生活垃圾	居民生活	饮料、食物、纸屑、编织品、庭院废物、塑料品、金属用品、煤炭渣、家用电器、建筑垃圾、家庭用具、人畜粪便、陶瓷用品、杂物等
	各事业单位	纸屑、园林垃圾、金属管道、烟灰渣、建筑材料、橡胶玻璃、办公杂品等
	机关、商业系统	废汽车、建筑材料、金属管道、轮胎、电器、办公杂品等
其他固体废物	农林业	秸秆、稻草、塑料、枯枝落叶、农药、畜禽粪便、污泥、畜禽类尸体等
	水产业	腐烂鱼虾贝类、水产加工污泥、塑料、畜禽尸体等
	…	…

我国固体废物污染控制工作起步较晚，技术力量及经济力量有限。我国在 20 世纪 80 年代中期提出了“资源化”“无害化”“减量化”作为控制固体废物污染的技术政策，并确定今后较长一段时间内以“无害化”为主。由于技术经济原因，我国固体废物处理利用的发展趋势必然是从“无害化”走向“资源化”，“资源化”是以“无害化”为前提的，“无害化”和“减量化”则应以“资源化”为条件。

一、固体废物减量化对策与措施

固体废物减量化是指通过实施适当的技术，一方面减少固体废物的排出量；另一方面减少固体废物容量。通过适当的手段减少固体废物的数量和减小体积。

城市固体废物可通过改变燃料结构，净菜进城，避免过度包装和减少一次性商品的使用，加强产品的生态设计，推行垃圾分类收集，搞好产品的回收、利用的再循环等措施实现减量化。

我国工业规模大、工艺落后，因而固体废物产生量过大。提高我国工业生产水平和管理水平，全面推行无废、少废工艺和清洁生产，减少废物产生量是固体废物污染控制的最有效途径之一。包括淘汰落后生产工艺，推广清洁生产工艺，发展物质循环利用工艺等措施。

二、固体废物资源化与综合利用

（一）固体废物的资源化途径

固体废物资源化途径包括以下三种途径：

（1）物质回收。如从废弃物中回收纸张、玻璃、金属等物质。

（2）物质转换。即利用废弃物制取新形态的物质。如利用废玻璃和废橡胶生产铺路材料，利用炉渣生产水泥和其他建筑材料，利用有机垃圾生产堆肥等。

（3）能量转换。即从废物处理过程中回收能量，包括热能或电能。如通过有机废物的焚烧处理回收热量，进一步发电；利用垃圾厌氧消化产生沼气，作为能源向居民和企业供热或发电。

（二）资源化技术在固体废物处理中的应用

1．城市垃圾

图 7-4 是城市垃圾资源化总体状况示意图，包括收集运输系统、资源化系统和最终处置系统三大部分。

城市垃圾资源化系统可分为两个过程。一是不改变物质的化学性质，直接利用和回收资源。通过破碎、分选等物理作业，回收原形废物直接利用或从原形废料中分选出有用的单体物质。二是通过化学、生物、生物化学的方法回收物质和能量。只有根据城市垃圾数量、组成成分和废物的物理化学特性，正确地选择各种处理单元操作技术，才能组成经济而有效的资源化系统。

2．工业固体废物资源化

工业固体废物资源化的途径很多，如提取各种金属、生产建筑材料、生产农肥、回收能源和原料取代等。

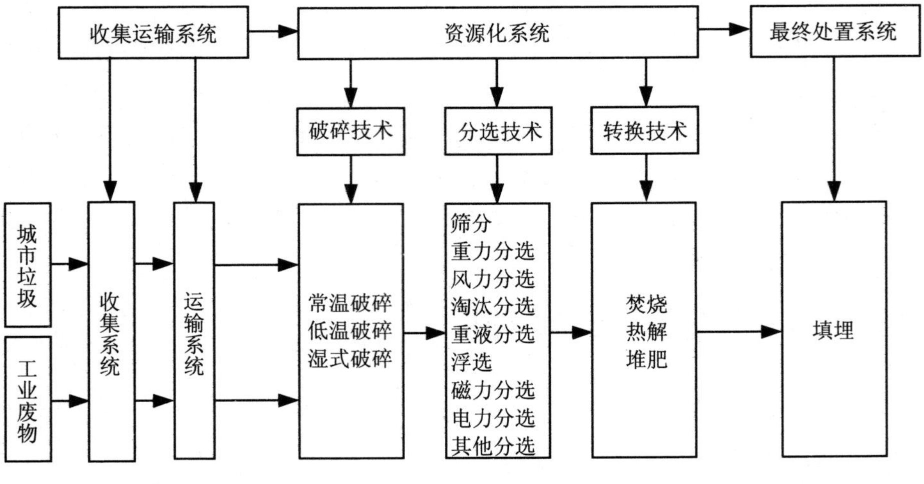

图 7-4　城市垃圾资源化总体状况

三、固体废物的无害化处理处置

固体废物处理是指将固体废物转变成适于运输，利用、贮存或最终处置的过程。固体废物处置是指最终处置或安全处置，是固体废物污染控制的末端环节，是解决固体废物的归宿问题。

（一）焚烧处理

焚烧法是一种高温热处理技术，即以一定的过剩空气量与被处理的废物在焚烧炉内进行氧化燃烧反应，废物中的有害毒物在高温下氧化、热解而被破坏。这种处理方式可使废物完全氧化成无毒害物质。焚烧技术可同时实现废物无害化、减量化、资源化。

一般来说，发热量小于 3 300 kJ/kg 的垃圾属低发热量垃圾，不适宜焚烧处理；发热量介于 3 300～5 000 kJ/kg 的垃圾为中发热量垃圾，适宜焚烧处理；发热量大于 5 000 kJ/kg 的垃圾属高发热量垃圾，适宜焚烧处理并回收其热能。

废物在焚烧过程中会产生一系列新污染物，有可能造成二次污染。对焚烧设施排放的大气污染物控制项目大致包括 4 个方面：

（1）有害气体：包括 SO_2、HCl、HF、CO 和 NO_x；

（2）烟尘：常将颗粒物、黑度、总碳量作为控制指标；

（3）重金属元素单质或其化合物：如 Hg、Cd、Pb、Ni、Cr、As 等；

（4）有机污染物：如二噁英，包括多氯二苯并二噁英（PCDDs）和多氯二苯并呋喃（PCDFs）。

以美国法律为例，有害废物焚烧的法定处理效果标准为：① 废物中所含的主要有机有害成分的去除率为 99.99%以上。② 排气中粉尘含量不得超过 180 mg/m^3（以标准状态下，干燥排气为基准，同时排气流量必须调整至 50%过剩空气百分比条件下）。③ 氯化氢去除率达 99%或排放量低于 1.8 kg/h，以两者中数值较高者为基准。④ 多氯联苯的去除率为 99.999 9%，同时燃烧效率超过 99.9%。

（二）固体废物的处置

固体废物经过减量化和资源化处理后，剩余下来的、无再利用价值的残渣，往往富集了大量不同种类的污染物质，对生态环境和人体健康具有即时和长期的影响，必须妥善加以处置。安全、可靠地处置这些固体废物残渣，是固体废物全过程管理中的最重要环节。

用于处置固体废物的方法主要有海洋处置和陆地处置两大类。海洋处置包括深海投弃和海上焚烧。陆地处置包括土地耕作、永久贮存或贮留地贮存、土地填埋、深井灌注和深地层处置等几种，其中应用最多的是土地填埋处置技术。海洋处置现已被国际公约禁止，陆地处置至今仍是世界各国常用的一种废物处置方法。全封闭型安全填埋场见图 7-5。

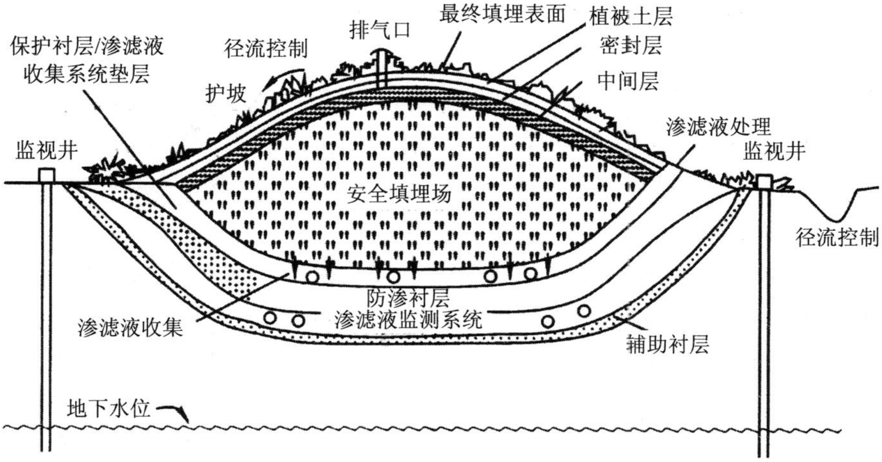

图 7-5 全封闭型安全填埋场

四、固体废物管理制度

1. 分类管理

固体废物具有量多面广、成分复杂的特点，需对城市生活垃圾、工业固体废物和危险废物分别管理。《中华人民共和国固体废物污染环境防治法》第 81 条规定："禁止混合收集、贮存、运输、处置性质不相容的未经安全性处理的危险废物。""禁止将危险废物混入一般废物中贮存。"

2．工业固体废物申报登记制度

为了使环境保护部门掌握工业固体废物和危险废物的种类、产生量、流向以及对环境的影响等情况，进而进行有效的固体废物全过程管理，《中华人民共和国固体废物污染环境防治法》要求实施工业固体废物和危险废物申报登记制度。

3．固体废物污染环境影响评价制度及其防治设施的"三同时"制度

环境影响评价制度和"三同时"制度是我国环境保护的基本制度，《中华人民共和国固体废物污染环境防治法》重申了这一制度。

4．排污收费制度

固体废物污染与废水、废气污染有着本质的不同，废水、废气进入环境后可经物理、化学、生物等途径稀释、降解，并且有着明确的环境容量。而固体废物进入环境后，不易被其环境体所接受，其稀释、降解往往是个难以控制的复杂而长期的过程。严格地说，固体废物是严禁不经任何处置排入环境当中的。根据《中华人民共和国固体废物污染环境防治法》的规定，禁止任何单位向环境排放固体废物。固体废物排污费的交纳，按规定或标准建成贮存设施、场所前产生的工业固体废物须交纳排污费。

5．限期治理制度

为了解决重点污染源污染环境问题，对没有建设工业固体废物贮存或处理处置设施、场所或已建设施、场所不符合环境保护规定的企业和责任者，实施限期治理、限期建成或改造。限期内不达标的，可采取经济手段以至停产的手段。

6．进口废物审批制度

《中华人民共和国固体废物污染环境防治法》明确规定："禁止中国境外的固体废物进境倾倒、堆放、处置""禁止经中华人民共和国过境转移危险废物""国家禁止进口不能用做原料的废物、限制进口可以用做原料的废物"。为贯彻这些规定，环保部、国家经贸部、国家工商总局、海关总署和国家商检局 1996 年联合颁布《废物进口环境保护管理暂行规定》以及《国家限制进口的可用作原料的废物名录》，规定了废物进口的三级审批制度、风险评价制度和加工利用单位定点制度等。在这些规定的补充规定中，又规定了废物进口的装运前检验制度。

7．危险废物行政代执行制度

危险废物的有害性决定了其必须进行妥善处置。《中华人民共和国固体废物污染环境防治法》规定："产生危险废物的单位，必须按照国家有关规定处置；不处置的由所在地县以上地方人民政府环境保护行政主管部门责令限期改正；逾期不处置或处置不符合国家有关规定的，由所在地县以上地方人民政府环境保护行政主管部门指定单位按照国家有关规定代为处置，处置费由产生危险废物的单位承担。”

8．危险废物经营许可证制度

危险废物的危险特性决定了并非任何单位和个人都可以从事危险废物的收集、贮存、处理、处置等经营活动。必须由具备达到一定设施、设备、人才和专业技术能力并通过资质审查获得经营许可证的单位进行危险废物的收集、贮存、处理、处置等经营活动。

9．危险废物转移报告单制度

也称作危险废物转移联单制度，这一制度是为了保证运输安全、防止非法转移和处置，保证废物的安全监控，防止污染事故的发生。

第八章　生态环境保护

第一节　概　述

面对地球生态的日益恶化，联合国于1972年6月5日至16日在斯德哥尔摩发表了《人类环境宣言》，《宣言》明确指出：在许多地区，我们看到越来越多的人为损害的迹象。水、空气、土壤以及生物中污染达到危险的程度。生态平衡受到严重扰乱。一些无法取代的资源受到破坏或陷于枯竭。在人为的环境，特别是生活和工作环境里存在着有害于人类身体、精神和社会健康的严重缺陷。

世界自然基金会于2022年10月13日公布的《2022年地球生命力报告》指出：自1970年以来，野生动物种群数量平均下降了69%，主要因素是栖息地的退化、开发、外来入侵物种、污染、气候变化和疾病。当前自然生态面临严峻挑战，政府、企业和公众必须刻不容缓地采取变革行动，扭转趋势。

一、生态环境恶化的原因

生态恶化有自然原因，但更重要的是人为原因。巨大的人口数量压力和资源开发利用不合理是造成生态环境恶化的主要原因。一些地区环境保护意识不强，重开发轻保护，重建设轻维护，对资源采取掠夺式、粗放型开发利用方式，超过了生态环境承载能力；一些部门和单位监管薄弱，执法不严，管理不力，致使许多生态环境破坏的现象屡禁不止，加剧了生态环境的退化。同时，长期以来对生态环境保护和建设的投入不足，也是造成生态环境恶化的重要原因。切实解决生态环境保护的矛盾与问题，是我们面临的一项长期而艰巨的任务。

二、生态环境保护的对象

环境资源保护概念不只是保护现有的野生资源与环境，而且还要保护正在利用的已经受到干扰和破坏的自然资源与环境。例如，森林是保护对象，当森林被砍伐后，其残留的裸露土壤也是保护的对象，否则，就会出现水土流失，营养丢失，河流淤积、水体富营养化等一系列的生态破坏。人口比较密集区的农业生态环境、耕地肥力、城市生态环境及其水源地的水质均在保护之列。

三、生态保护主要类型

按照保护的方式、目的大致可以分为维护、保护、恢复和重建四种类型。

1. 维护

维护区包括对于生态极为敏感、景观独特、不宜开发利用的地区（如原始森林、草原、湿地等）；人为干扰较小或无直接人为影响，可以进行自我调节的地区；自然保护区的核心区也属于维护区。

2. 保护

对于生态敏感、景观较好、有重要的生物资源，虽已经受到人为干扰影响，面临严重破坏的危险，但若干扰影响解除后，可以自然恢复的地区，应实行人为保护，划定自然保护区。在有效保护的基础上，可以进行有限制的利用。

3. 恢复

生态系统的结构和功能已经受到严重干扰破坏，影响了社会经济的发展，为了良好的环境和资源的可持续利用，在必须解除干扰或减轻干扰的情况下，采用人为的措施，使其结构和功能尽快返回到类似于干扰前的状况。

4. 重建

生态系统的结构和功能已经受到严重的干扰和破坏，自然恢复到原来的结构和功能有困难，为了更有效地开发利用，可以进行人工生态设计，实行生态改建或重建。

按照人工化的程度可将生态保护分为自然保护和生态建设两类。

自然保护指采用各种手段，包括行政的、技术的、经济的和法律的，对自然环境和自然资源实行保护。陆地自然保护区、海上自然保护区都属于自然保护。

生态建设主要是对受人为活动干扰和破坏的生态系统（包括水生和陆生生态系统）进行生态恢复和重建。生态恢复与重建是从生态系统的整体性出发，保障生态系统的健康发展、自然资源的永续利用和生物生产力的提高。生态建设与自然保护的含义不同，生态建设是根据生态学原理进行的人工设计，充分利用现代科学技术，充分利用生态系统的自然规律，是自然和人工的结合，达到高效和谐，实现环境、经济和社会效益的统一。

第二节 生态保护的目标、原理和对策

一、目标

生态环境保护目标是通过生态环境保护，遏制生态环境破坏，减轻自然灾害的危害；促进自然资源的合理、科学利用，实现自然生态系统的良性循环；维护国家生态环境安全，确保国民经济和社会的可持续发展。

从我国生态环境保护与治理进程看，从“十一五”到“十三五”，我国生态环境实现从“恶化趋势得到基本遏制”到“生态环境总体改善”。从“十四五”开始，再经过3个五年，需完成从总体改善到根本好转的转变。

近期目标。到2025年，生态文明建设实现新进步。国土空间开发保护格局得到优化，生产生活方式绿色转型成效显著，能源资源配置更加合理、利用效率大幅提高，单位国内生产总值能源消耗和二氧化碳排放分别降低13.5%、18%，主要污染物排放总量持续减少，森林覆盖率提高到24.1%，生态环境持续改善，生态安全屏障更加牢固，城乡人居环境明显改善。

远期目标。到2035年，广泛形成绿色生产生活方式，碳排放达峰后稳中有降，生态环境根本好转，美丽中国建设目标基本实现。

二、原理

为有效地保护生态环境，需要遵循一些基本原理：第一，生态系统结构与功能的相对应原理，从保护结构的完整性达到保持生态系统环境功能的目的；第二，将经济社会与环境看作是一个相互联系、互相影响的复合系统，寻求相互间的协调，并寻求随着人类社会进步，不断改善生态环境以建立新的协调关系的途径；第三，将保护生态环境的核心——生物多样性放在首要和优先的位置上；第四，将普遍性与特殊性相结合，特别关注特殊性问题，如根据我国国情，各地都有不同的保护目标和保护对象，因而在注意普遍性问题的同时，对特殊性问题应给予特别的关注；第五，关注重大生态环境问题，将解决重大生态环境问题与恢复和提高生态环境功能紧密结合，以适应经济、社会发展和人类精神文明发展不断增长的需要。

从人类的功利主义和思维定式出发，保护生态环境的首要目的是保护那些能为人类自身生存和发展服务的生态功能。但是，生态系统的功能是以系统完整的结构和良好的运行为基础的，功能寓于结构之中，体现于运行过程中；功能是系统结构特点和质量的外在体现，高效的功能取决于稳定的结构和连续不断的运行过程。因

此，生态环境保护也是从功能保护着眼，从系统结构保护入手。

例如，森林生态系统具有保持水土的环境功能。这种功能是由有层次的林冠结构和枝干阻截雨水，林下地被植物和枯枝败叶层吸收水分，根系作用疏松土壤增加土壤持水性以及林木的枝干和枯落物减弱雨滴的动能，从而防止其直接打击土壤表面造成土壤侵蚀等综合作用的结果。这种功能是以植物与土壤共存并形成森林生态系统为基础的。这个结构如受破坏或结构残缺不全，如树木零落、枝叶稀疏、地被植物或枯枝败叶被清除，都会使系统水土保持功能下降。因此，生态系统的保护首先要保护系统结构的完整性。

在生态保护方面所应用的基本原理包括三方面：生态学原理，工程学原理和生态经济学原理。

1．生态学原理

生态保护的大量工作是生态系统的恢复和重建，实际上它是在人为控制条件下的生态系统演变过程。因此，必须遵从生态学的基本原理，包括景观生态学、生态系统生态学、群落演替的原理，物质循环和能量流动原理，生态服务原理，生物资源更替繁殖速率和最大捕捞量原理，自我维持和自我调节原理等。

2．工程学原理

不管是陆地生态系统，还是水生生态系统，只要是一个健康的生态系统都有良好的植被覆盖和生物组成，都具有丰富的生物资源。相应的，系统内的光、热、水、气、土和营养等环境条件均利于植被的生长。一个受到人类活动干扰和破坏的，或退化的生态系统，除有生物方面的原因之外，更重要的某些环境因子的限制。

例如，在水土流失严重地区，盐含量过高是限制植物生长的因素；水体富营养化是指水体受到 N、P 营养盐污染引起水体生态环境恶化等。在生态环境保护中，为了加速生态恢复和良性演替，总要采取若干工程措施和农艺措施，例如，水土保持工程、湖泊污染综合防治的环境水利工程、盐渍化土地的排涝工程等。

实施生态农业工程也同样需要众多的农艺工程技术措施。首先要找出影响植被发育的限制因子，然后根据工程学原理，设计和采用有针对性的工程技术措施，目的是解决影响植被发育的限制因子，为植被的恢复创造必要的环境条件。工程和技术措施的选用应采取因地制宜的原则。

3．生态经济学原理

生态环境保护不仅仅是一个自然过程，而且是重建家园的伟大创举和社会实践。因此，生态保护应遵从社会学和经济学的基本原理。当然，不是遵从传统经济学中把生态服务的价值排除在经济学以外的原理。在生态经济学中，生态服务的价值被作为成本纳入商品的价值。生态恢复应该满足于生态系统的整合性，达到社会、经济和环境效益的统一。

三、对策

（1）植树种草，涵养水源，营造区域良好环境。水资源严重短缺，干旱连年发生，且持续时间长，追根溯源，就在于植被遭到严重破坏，涵养水源、调节气候的能力下降。在空间布局上，应坚持“北草南林”的原则。

（2）理顺思路，调整结构，巩固退耕还林、还草成果。实施水土保持生态建设，要适应新阶段农业生产结构调整的形势，由以粮为主的自给自足型农业向以林、牧业为主的生态型农业转变，以发展特色农业、效益农业为调整的重点。要在保护和不断提高粮食生产综合能力、提高粮食生产水平的前提下，大力发展林果业、畜牧业等多种经营，培养主导产业，优化品种结构，开拓高附加值的特色产品，以巩固退耕还林、还草成果。在改善农业生态环境、调整农业产业结构的同时，推进农村经济向产业化、专业化发展，增加农民收入，提高人民生活水平。

（3）标本兼治，综合治理，走生态农业发展之路。生态环境，重在保护。在抓好原有生态环境保护、管理、监督的同时，要把小流域综合治理作为改善生态环境的突破口来抓。要坚持“三高”（高起点、高标准、高质量）、达到“三保”（保土、保水、保肥），实现“三效”（经济、社会、生态效益相结合），搞好小流域综合治理；要以流域为单元，一条沟、一面坡、一座山的系统规划，山、水、林、田、路、草综合配套，工程、生物、耕作措施相互补充，全面提高小流域投入力度。通过清理河道、加固河堤和增加植被保持水土，防止流失。要把综合治理与科技开发相结合，通过治理一条流域，带动一方经济，富裕一方群众，最终实现山绿、水清、村美、人富的目标。

（4）全面规划，分步实施，要进行因地制宜分类指导。按照“全面规划、分步实施、突出重点、先易后难、先行试点、稳步推进”的原则，制定科学的、切实可行的山川秀美工程规划，有计划、有步骤地实施。退耕还林要“以造定退”，重点是25°以上的坡耕地。按照“统一规划、集中配置、统一管理、政府控制”的原则，搞好种苗基地建设，抓好省级和区域性重点苗圃，为植树造林、荒山绿化奠定良好的基础。

（5）加强管理，保护资源，实现有序开发和综合利用。

① 保护好天然林草资源，落实林业采伐政策，严禁乱砍滥伐；

② 加强对已治理区域的管理和保护，对自然及人为造成的破坏及时采取维修和弥补措施，提高治理保护率；

③ 坚决制止新的垦荒行为，严格推行封山禁牧，把人工治理与植被的自然恢复结合起来；

④ 要坚决关闭和取缔“五小”企业，对地、市、县属工业污染源进行综合治理，

不符合排放规定的企业不允许开机生产，保护空气和水资源不受污染；

⑤ 对地下矿产资源和旅游资源要详细规划，配套建设各项开发设施，逐步开发利用，不搞急功近利、竭泽而渔，杜绝破坏性、掠夺性开发；

⑥ 要进一步落实环保建设责任制，认真贯彻执行环境保护相关法律法规，加强环保执法队伍建设，提高执法水平。

（6）努力建设资源节约型社会。

要大力节约集约利用资源，推动资源利用方式根本转变，加强全过程节约管理，大幅降低能源、水、土地消耗强度。要控制能源消费总量，加强节能降耗，支持节能低碳产业和新能源、可再生能源发展，确保国家能源安全。要加强水源地保护和用水总量管理，推进水循环利用，建设节水型社会。要严守耕地保护红线，严格保护耕地特别是基本农田，严格土地用途管制。要大力发展循环经济，促进生产、流通、消费过程的减量化、再利用、资源化。

案例：黄河流域综合治理的标志性工程——黄河水土保持生态工程，包含了小流域综合治理、坡耕地整治、淤地坝建设、塬面保护、退耕还林还草等一系列重点项目。走出了一条以小流域为单元，山水林田湖林草统一规划，沟、坪、梁、峁、坡综合治理，植物、工程、耕作措施科学配置，生态、经济、社会效益协调发展的多措并举的综合治理路线。

从 2001 年正式启动实施黄河水土保持生态工程以来，截至 2020 年底，黄河流域完成初步治理水土流失面积 25 万多 km^2；水土流失面积较 1990 年减少了 48%，强烈及以上侵蚀强度等级面积下降 83%，实现水土流失面积、强度“双下降”。同时黄河干流和 6 条支流 15 个断面生态流量均达标，流域水资源保障能力进一步提升。

黄河水土保持生态工程经历了从典型示范到全面发展，主要分三个阶段：

① 主要通过淤地坝建设、小流域综合治理等人工措施来达到增产拦泥的目的。

② 更加注重生态建设和保护。黄河流域率先实施“退耕还林（草）、封山绿化、以粮代赈、个体承包”政策，在条件适宜地区因地制宜开展封育和保护，发挥植被自我修复能力。

③ 生态文明、绿色发展理念引领水土流失高标准系统治理、强化监督管理。以坡耕地整治、病险淤地坝除险加固和塬面保护等一系列国家水土保持工程为龙头，示范带动全面治理，助力 250 多万人脱贫解困。

第三节 自然保护区和重要生态功能保护区建设

一、自然保护区

《中华人民共和国自然保护区条例》定义的自然保护区是指，对有代表性的自然生态系统、珍稀濒危野生动植物物种的天然集中分布区、有特殊意义的自然遗迹等保护对象所在的陆地、陆地水体或者海域，依法划出一定面积予以特殊保护和管理的区域。

条例指出，凡具有下列条件之一的，应当建立自然保护区：

（1）典型的自然地理区域、有代表性的自然生态系统区域以及已经遭受破坏但经保护能够恢复的同类自然生态系统区域；

（2）珍稀、濒危野生动植物物种的天然集中分布区域；

（3）具有特殊保护价值的海域、海岸、岛屿、湿地、内陆水域、森林、草原和荒漠；

（4）具有重大科学文化价值的地质构造、著名溶洞、化石分布区、冰川、火山、温泉等自然遗迹；

（5）经国务院或者省、自治区、直辖市人民政府批准，需要予以特殊保护的其他自然区域。

自然保护区的保护对象主要是著名的、典型的生态系统及其所含的动植物。该地区内不能有人为的直接干涉，禁止直接利用任何自然资源，禁止一切生产经营性活动。区域内一切自然流程正常进行。

中国是世界上物种多样性最丰富的国家之一，是世界上唯一具备几乎所有生态系统类型的国家。丰富的生物多样性不仅是大自然留给中国的宝贵遗产，也是全世界人民的共同财富。建立自然保护区是保护生态环境、生物多样性和自然资源最重要、最经济、最有效的措施。我国经过60多年的努力，已建成数量众多、类型丰富、功能多样的各级各类自然保护地。截至2021年底，我国共建立各种类型、不同级别的自然保护地近万处，约占我国陆地面积的18%，有效保护了我国90%的陆地生态系统类型、85%的野生动物种群、65%的高等植物群落和近30%的重要地质遗迹，涵盖了25%的原始天然林、50.3%的自然湿地和30%的典型荒漠地区，各类自然保护地在保护生物多样性、保护自然遗产、改善生态环境质量和维护国家生态安全方面发挥了重要作用。

中国的自然保护区已形成覆盖全国且布局较为合理、类型较为齐全、功能较为完备的自然保护区网络。曾一度极危的物种，如大熊猫、朱鹮、麋鹿、扬子鳄、海南坡鹿、普氏原羚、亚洲象、海南长臂猿等在自然保护区得到有效保护，其种群数量显著增长。

二、生态功能区划

为科学确定不同区域的生态功能，明确对全国的生态安全保障具有重要作用的区域，指导资源合理开发与保护，环境保护部和中国科学院在2008年印发了《全国生态功能区划》，并于2015年发布了修编版。生态功能区划在生态保护工作中发挥了重要作用，是实施区域生态分区管理、构建国家和区域生态安全格局的基础，为全国生态保护与建设规划、维护区域生态安全、促进社会经济可持续发展与生态文明建设提供科学依据。

1. 生态功能区的类型及体系

生态功能区划是根据区域生态系统格局、生态环境敏感性与生态系统服务功能空间分异规律，将区域划分成不同生态功能的地区。

依据区域主导生态功能，划分为3大类、9个类型和242个生态功能区（表8-1）。

（1）按照生态系统的自然属性和所具有的主导服务功能类型，将生态系统服务功能分为生态调节、产品提供与人居保障3大类。

（2）在生态功能大类的基础上，依据生态系统服务功能重要性划分9个生态功能类型，并确定了63个重要生态功能区，覆盖我国陆地国土面积的49.4%。

表8-1 全国生态功能区划体系

生态功能大类	生态功能类型	生态功能区数量/个	面积/万 km^2	面积比例/%
生态调节	水源涵养	47	256.85	26.86
	生物多样性保护	43	220.84	23.09
	土壤保持	20	61.40	6.42
	防风固沙	30	198.95	20.80
	洪水调蓄	8	4.89	0.51
产品提供	农产品提供	58	180.57	18.88
	林产品提供	5	10.90	1.14
人居保障	大都市群	3	10.84	1.13
	重点城镇群	28	11.04	1.15
	合计	242	956.29	100.00

注：本区划不含香港特别行政区、澳门特别行政区和台湾地区，其面积合计为3.71万 km^2。

2. 生态功能区划的实施

（1）依据生态功能区划，优化国土开发格局，划定生态空间。

（2）对国家和区域生态安全有重大意义的水源涵养、生物多样性保护、土壤保持、防风固沙、洪水调蓄等重要生态功能区，应建立生态功能保护区。对重要生态功能区，要加大国家和地方财政投入和转移支付力度，建立并完善生态补偿机制。鼓励以重要生态功能区为依托，实施区域之间的横向生态补偿。

（3）加强重要生态功能区的保护与恢复，经济社会发展应与生态功能区的功能定位保持一致。对生态退化严重、人类活动干扰较大的重要生态功能区实施重大生态保护与恢复工程，坚持自然恢复为主的原则，提高生态系统质量，增强生态系统服务功能。持续降低重要生态功能区的人口压力，减少当地居民对自然生态系统的经济依赖。

（4）在重要生态功能区划定生态保护红线，对生态功能及其保护状况定期组织评估和考核，开展生态资产与生态系统生产总值核算，并公布结果。

（5）加强生态保护的宣传教育。

3. 生态功能保护区的生态环境保护

对生态功能保护区采取以下保护措施：停止一切导致生态功能继续退化的开发活动和其他人为破坏活动；停止一切产生严重环境污染的工程项目建设；严格控制人口增长，区内人口已超出承载能力的应采取必要的移民措施；改变粗放型生产经营方式，走生态经济型发展道路；对已经破坏的重要生态系统，要结合生态环境建设措施，认真组织重建与恢复，尽快遏制生态环境恶化。

第四节　资源开发的生态保护

切实加强对水、土地、森林、草原、海洋、矿产等重要自然资源的环境管理，严格资源开发利用中的生态环境保护工作。各类自然资源的开发，必须遵守相关的法律法规，依法履行生态环境影响评价手续；资源开发重点建设项目，应编报水土保持方案，否则一律不得开工建设。

一、水资源开发生态保护

我国的水资源的开发和保护坚持“节水优先、空间均衡、系统治理、两手发力”的理念，统筹水资源、水环境、水生态治理，以长江、黄河等大江大河和重要湖泊保护治理为重点。

1. 加强水生态环境保护和治理

（1）水土保持生态建设

① 江河源头区的保护修复。加强大江大河及重要支流源头区生态保护修复，提高三江源“中华水塔”、若尔盖草原湿地、秦岭等重点江河源头地区以及重要水源补给地水源涵养能力。

② 重点地区水土流失治理。以长江、黄河上中游、东北黑土区等水土流失区域为重点，实施国家水土保持重点工程。

（2）河湖环境治理

对于水污染严重的河湖，坚持陆域和水域系统治理，结合河湖生态修复治理，逐步改善河湖环境质量。完善污水收集管网及处理设施，着力提高新建城区、建制城镇以及黑臭水体沿岸的污水收集处理能力，优化调整入河排污口布局，控制污染物入河量。加强城乡面源污染治理。加强河湖污染水体治理，通过生态清淤、生态净化等措施，消减内源污染负荷、增强水体自净能力，改善河湖环境质量。

（3）地下水超采综合治理

在确定地下水取用水量水位控制指标基础上，科学合理利用地下水，通过节水、农业结构调整、水源置换等压减地下水超采量，多渠道增加水源补给，持续推进地下水超采综合治理。

（4）饮用水水源保护

水源保护对象通常有饮用水水源地、风景名胜水体、重要渔业水体和其他有特殊经济文化价值的水体，其中最重要的是饮用水水源地的保护。以保护和提升饮用水水源安全为重点，合理布局水源和取水口。科学确定水源敏感断面和水位（流量），加强饮用水水源管护，划定管护范围，开展饮用水水源安全评估，保障饮用水安全。

2. 提高水资源利用效率，建设节水型社会

我国是水资源缺乏的国家，人均水资源量仅为世界平均水平的1/4。我国主要推行水资源总量管理、科学配置、全面节约、循环利用，大力推动农业、工业、城镇等重点领域节水，加强非常规水源利用，发展节水产业。“十三五”期间，全国万元国内生产总值用水量下降28.0%，万元工业增加值用水量下降39.6%，全国在用水总量基本不增加的情况下支撑了国民经济约6%。

3. 水电开发，生态优先

2012年以来，国家相继完成了金沙江上游、澜沧江上游、黄河上游河段等河流（段）的水电开发规划环评，在坚持生态优先的前提下，进行了统筹优化和协调。以黄河上游湖口至尔多段水电规划为例，为了避让三江源国家级自然保护区等生态环境敏感区，通过规划环境影响评价，取消了10级水电规划中的6级，保护天然河段976 km，占规划河段1 256 km的78%；优化了开发时序，推荐近期实施工程1级，河段长度 80 km，占规划河段总长的 6%。

二、矿产资源开发生态保护

严禁在生态功能保护区、自然保护区、风景名胜区、森林公园内采矿。严禁在崩塌滑坡危险区、泥石流易发区和易导致自然景观破坏的区域采石、采砂、取土。矿产资源开发利用必须严格规划管理，开发应选取有利于生态环境保护的工期、区域和方式，把开发活动对生态环境的破坏减少到最低限度。矿产资源开发必须防止次生地质灾害的发生。在沿江、沿河、沿湖、沿库、沿海地区开采矿产资源，必须落实生态环境保护措施，尽量避免和减少对生态环境的破坏。已造成破坏的，开发者必须限期恢复。已停止采矿或关闭的矿山、坑口，必须及时做好土地复垦。

2003 年 12 月国务院发布了《中国矿产资源政策》白皮书，提出了“实现矿产资源开发与环境保护的协调发展”的要求。2004 年，国家环保总局、国土资源部、国家安全生产监督管理局联合开展了全国矿山生态环境保护专项执法检查；检查矿山企业 52 414 家，关停、取缔 16 413 家。2004 年，国家投入资金 4.06 亿元开展矿山环境治理，恢复治理面积 27 435 hm^2。2005 年，中央财政安排矿山治理项目资金 7.53 亿元，并进一步开展了矿山公园的建设和省级矿山环境保护与治理规划编制工作。目前共批准国家矿山公园 28 个，为矿区走可持续发展道路起到了示范作用。

2007 年中国国际矿业大会首次提出发展绿色矿业，2017 年国家六部委联合印发《关于加快绿色矿山的实施意见》，我国绿色矿山建设明显提速。绿色矿山是指在矿产资源开发全过程中，实施科学有序的开采，对矿区及周边生态环境扰动控制在可控范围内，实现矿区环境生态化、开采方式科学化、资源利用高效化、企业管理规范化和矿区社区和谐化的矿山。2019 年，自然资源部将 953 家矿山企业纳入全国绿色矿山名录，加快构建绿色矿业发展新格局。

三、土地资源开发利用的生态环境保护

依据土地利用总体规划，实施土地用途管制制度，明确土地承包者的生态环境保护责任，加强生态用地保护，冻结征用具有重要生态功能的草地、林地、湿地。建设项目确需占用生态用地的，应严格依法报批和补偿，并实行“占一补一”的制度，确保恢复面积不少于占用面积。加强对交通、能源、水利等重大基础设施建设的生态环境保护监管，建设线路和施工场址要科学选比，尽量减少占用林地、草地和耕地，防止水土流失和土地沙化。加强非牧场草地开发利用的生态监管。大江大河上中游陡坡耕地要按照有关规划，有计划、分步骤地实行退耕还林、还草，并加强对退耕地的管理，防止复耕。

2023 年 12 月，国务院发布了《关于全面推进美丽中国建设的意见》，提出要

持续深入打好净土保卫战。开展土壤污染源头防控行动，严防新增污染，逐步解决长期积累的土壤和地下水严重污染问题。深入打好农业农村污染治理攻坚战。到2027年，受污染耕地安全利用率达到94%以上，建设用地安全利用得到有效保障。

四、森林、草原资源开发利用的生态保护

加强森林草原资源生态保护。严格森林草原资源保护管理，严守生态保护红线。严格控制林地、草地转为建设用地，加强重点生态功能区和生态环境敏感脆弱区域的森林草原资源保护，禁止毁林毁草开垦。加强公益林管护，统筹推进天然林保护，全面停止天然林商业性采伐，完善森林生态效益补偿制度。落实草原禁牧休牧和草畜平衡制度，完善草原生态保护补奖政策。强化森林草原督查，严厉打击破坏森林草原资源违法犯罪行为。推进构建以国家公园为主体的自然保护地体系。强化野生动植物及其栖息地保护。

加强森林草原资源生态修复。依据国土空间规划，科学划定生态用地，持续推进大规模国土绿化行动。实施重要生态系统保护和修复重大工程，推进京津冀协同发展、长江经济带发展、粤港澳大湾区建设、长三角一体化发展、黄河流域生态保护和高质量发展、海南自由贸易港建设等重大战略涉及区域生态系统保护和修复，深入实施退耕还林还草、三北防护林体系建设、草原生态修复等重点工程。加强森林经营和退化林修复，提升森林质量。落实部门绿化责任，创新义务植树机制，提高全民义务植树尽责率。

加强森林草原资源灾害防控。建立健全重大森林草原有害生物灾害防治地方政府负责制，将森林草原有害生物灾害纳入防灾减灾救灾体系，健全重大森林草原有害生物监管和联防联治机制，抓好松材线虫病、美国白蛾、草原鼠兔害等防治工作。坚持森林草原防灭火一体化，落实地方行政首长负责制，提升火灾综合防控能力。

五、海洋和渔业资源开发利用的生态保护

海洋生态保护坚持保护优先、预防为主、源头防控、陆海统筹、综合治理、公众参与、损害担责的原则。

1．实行陆海统筹，建立健全海洋生态环境治理体系

国家实施陆海统筹、区域联动的海洋环境监督管理制度，加强规划、标准、监测等监督管理制度的衔接协调。

分区分类实施陆海污染源头治理，分类开展陆源、工程建设项目、废弃物倾倒、船舶污染物防治工作。

2．保护修复并举，提升海洋生态系统质量和稳定性

重点保护红树林、珊瑚礁、海藻场、海草床、滨海湿地、海岛、海湾、入海河

口、重要渔业水域等具有典型性、代表性的海洋生态系统，珍稀濒危海洋生物的天然集中分布区，具有重要经济价值的海洋生物生存区域及有重大科学文化价值的海洋自然遗迹和自然景观。

加强海洋生物多样性保护，健全海洋生物多样性调查、监测、评估和保护体系，维护和修复重要海洋生态廊道，防止对海洋生物多样性的破坏。

对遭到破坏的具有重要生态、经济、社会价值的海洋生态系统，应当进行修复。海洋生态修复应当以改善生境、恢复生物多样性和生态系统基本功能为重点，以自然恢复为主、人工修复为辅，并优先修复具有典型性、代表性的海洋生态系统。

3．坚持保护优先，提升海洋资源开发的可持续利用水平

开发利用海洋和海岸带资源，应当对重要海洋生态系统、生物物种、生物遗传资源实施有效保护，维护海洋生物多样性。

优先将生态功能极重要、生态极敏感脆弱的海域划入生态保护红线，实行严格保护。开发利用海洋资源或者从事影响海洋环境的建设活动，应当根据国土空间规划科学合理布局，严格遵守国土空间用途管制要求，严守生态保护红线，不得造成海洋生态环境的损害。

鼓励发展生态渔业，推广多种生态渔业生产方式，改善海洋生态状况，保护海洋环境。

开发海岛及周围海域的资源，应当采取严格的生态保护措施，不得造成海岛地形、岸滩、植被和海岛周围海域生态环境的损害。

我国非常重视海洋生态保护工作，2004 年，国务院印发了《关于进一步加强海洋管理工作若干问题的通知》，强调要做好海洋生态保护工作。2022 年，国家多部门联合发布的《“十四五”海洋生态环境保护规划》提出，到 2035 年，沿海地区绿色生产生活方式广泛形成，海洋生态环境根本好转，美丽海洋建设目标基本实现。

六、旅游资源开发生态保护

旅游资源的开发必须明确环境保护的目标与要求，确保旅游设施建设与自然景观相协调。科学确定旅游区的游客容量，合理设计旅游线路，使旅游基础设施建设与生态环境的承载能力相适应。加强自然景观、景点的保护，限制对重要自然遗迹的旅游开发，从严控制重点风景名胜区的旅游开发，严格管制索道等旅游设施的建设规模与数量，对不符合规划要求建设的设施，要限期拆除。旅游区的污水、烟尘和生活垃圾处理，必须实现达标排放和科学处置。

2001 年，国务院发布了《关于进一步加快旅游业发展的通知》，把加强旅游资源开发的生态保护作为促进旅游产业实现可持续发展的重要指导思想。有关部门和各级地方政府加强了对旅游资源开发的生态环境保护工作。2005 年，国家旅游局、原国家环保总局联合印发了《关于进一步加强旅游生态环境保护工作的通知》。结合重点流域、区域环境综合整治，强化了旅游区的环境管理，对一些旅游区的规划与开发建设项目开展了环境影响评价，加大了污染防治力度，关停、搬迁、限期治理了一批风景旅游区的污染企业。2014 年，国务院印发了《关于促进旅游业改革发展的若干意见》，提出要推动旅游开发向集约型转变，更加注重资源能源节约和生态环境保护；引导生态旅游健康发展。2017 年国家发展改革委、旅游局发布了《全国生态旅游发展规划（2016—2025 年）》，把保护放在生态旅游发展的首位，正确处理资源保护与利用的关系，坚守生态底线，科学适度开发，推进生态旅游集约化、低碳化、绿色化发展。

七、生物多样性保护

面对生物多样性丧失的全球性挑战，生物多样性保护进入新的历史时期，需统筹考虑国际生物多样性现状和中国生物多样性国情，坚持保护优先，综合运用自然恢复和人工修复两种手段，因地因时制宜、分区分类施策，对重要生态系统、生物物种及遗传资源实施有效保护，保障生物安全和生态安全。

1. 完善生物多样性保护政策法规

我国先后出台了《关于加快推进生态文明建设的意见》《生态文明体制改革总体方案》《关于进一步加强生物多样性保护的意见》等 40 多项涉及生态文明建设的方案文件，将生物多样性保护作为生态文明建设的重要内容。颁布和修订环境保护法、野生动物保护法、海洋环境保护法、生物安全法、长江保护法等 30 余部相关法律法规，修订调整国家重点保护野生动植物名录，不断夯实生物多样性保护法治基础。

国家将继续制定和完善生物多样性保护相关政策制度。健全自然保护地生态保护补偿制度，完善生态环境损害赔偿制度，健全生物多样性损害鉴定评估方法和工作机制，完善打击野生动植物非法贸易制度。推行草原森林河流湖泊海湾休养生息，实施长江十年禁渔，健全耕地休耕轮作制度。落实有关从事种源进口等的个人或企业财税政策。

2. 构建和优化生物多样性保护空间格局

（1）就地保护体系。建设各级各类自然保护地、城市绿地等保护空间。

在国土空间规划中统筹划定生态保护红线，优化调整自然保护地，加强对生物多样性保护优先区域的保护监管，明确重点生态功能区生物多样性保护和管控政策。

因地制宜科学构建促进物种迁徙和基因交流的生态廊道，着力解决自然景观破碎化、保护区域孤岛化、生态连通性降低等突出问题。

建设物种保护空间体系，重点加强珍稀濒危动植物、旗舰物种和指示物种保护管理，明确重点保护对象及其受威胁程度，对其栖息生境实施不同保护措施。选择重要珍稀濒危物种、极小种群和遗传资源破碎分布点建设保护点。

（2）重要生态系统保护和修复。统筹考虑生态系统完整性、自然地理单元连续性和经济社会发展可持续性，统筹推进山水林田湖草沙冰一体化保护和修复，加强重点生态功能区、重要自然生态系统、自然遗迹、自然景观及珍稀濒危物种种群、极小种群保护，提升生态系统的稳定性和复原力。

（3）迁地保护体系。建设动植物园、濒危植物扩繁和迁地保护中心、野生动物收容救护中心和保育救助站、种质资源库（场、区、圃）、微生物菌种保藏中心等各级各类抢救性迁地保护设施，填补重要区域和重要物种保护空缺，完善生物资源迁地保存繁育体系。

科学构建珍稀濒危动植物、旗舰物种和指示物种的迁地保护群落，对于栖息地环境遭到严重破坏的重点物种，加强其替代生境研究和示范建设，推进特殊物种人工繁育和野化放归工作。

3. 构建完备的生物多样性保护监测体系

（1）生物多样性保护与监测信息云平台。利用生态系统和重点生物类群监测设备研制和设施、卫星遥感和无人机航空遥感技术、人工智能应用，构建现代化生物多样性监测体系。

依托国家生态保护红线监管平台，有效衔接国土空间基础信息平台，应用云计算、物联网等信息化手段，充分整合利用各级各类生物物种、遗传资源数据库和信息系统，在保障生物遗传资源信息安全的前提下实现数据共享。

（2）生物多样性评估体系。建立健全生物多样性保护恢复成效、生态系统服务功能、物种资源经济价值等评估标准体系。

开展大型工程建设、资源开发利用、外来物种入侵、生物技术应用、气候变化、环境污染、自然灾害等对生物多样性的影响评价。

中国于1993年加入《生物多样性公约》，已提交7次国家履约报告，制定了《中国生物多样性保护战略与行动计划》《中国生物多样性国情研究报告》《国家生物安全框架》等国家战略。目前，中国履行《生物多样性公约》工作协调组已有22个成员单位，生态环境部定期组织召开履约工作组会议，研究制定国家履约计划，开展国际合作项目，不断完善工作机制，促进《生物多样性公约》的履约进程。加大生物多样性的社会宣传力度，在每年的5月22日“纪念国际生物多样性日”开展形式多样、内容丰富的宣传教育活动，形成了保护生态、保护生物多样性的良好社会氛围。

2004年，国务院办公厅印发了《关于加强生物物种资源保护和管理的通知》，国家环境保护总局联合17个生物物种资源保护部际联席会成员单位，开展了全国生物物种资源重点调查，完成了全国生物物种资源保护执法检查，组织编制了《全国生物物种资源保护与利用规划》。

2005 年 9 月 6 日，中国正式成为《卡塔赫纳生物安全议定书》的缔约国。2003 年国家环保总局与中国科学院联合发布了第一批外来入侵物种名录；各部门相互协同，共同制定了外来入侵物种环境应急方案，并在此基础上形成了生物物种环境安全应急预案。

这些年来，中国将生物多样性保护融入生态文明建设全过程，走出了一条中国特色的生物多样性保护之路。我国的生物多样性保护取得了不斐成绩，通过自然保护地有效保护了 90%的陆地生态系统类型、65%的高等植物群落和 74%的国家重点保护陆生野生动植物种类。国家各类种质资源库保存了农作物种质资源 53 万份，林草种质资源 10 万余份，海洋渔业生物种质资源约 14 万份。中国实施濒危物种拯救工程，通过人工繁育使大熊猫受威胁程度等级从“濒危”降为“易危”，曾经野外消失的麋鹿总数已突破 8 000 只。此外，中国还针对德保苏铁、华盖木、百山祖冷杉等 120 种极小种群野生植物开展抢救性保护，112 种我国特有的珍稀濒危野生植物实现野外回归。

第九章　清洁生产

第一节　概　述

一、清洁生产提出的背景

环境问题是伴随着工业化运动而来的，20 世纪 70 年代以来，在人们对局部范围内的公害事件进行治理的时候，范围更大的全球性问题接踵而来。环境问题的产生与持续恶化，关系到人类能否在地球上继续生存与发展。20 世纪 60 年代，工业化国家开始通过各种方法和技术对生产过程中产生的废弃物和污染物进行处理，以减少其排放量，减轻对环境的危害，这就是所谓的“末端治理”。同时，末端治理的思想和做法也逐渐渗透到环境管理和政府的政策法规中。随着末端治理措施的广泛应用，人们发现末端治理并不是一个真正的解决方案。很多情况下，末端治理需要投入昂贵的设备费用、惊人的维护开支和最终处理费用，其工作本身还要消耗资源、能源，并且这种处理方式会使污染在空间和时间上发生转移而产生二次污染。人类为治理污染付出了高昂而沉重的代价，收效却并不理想。因此，从 20 世纪 70 年代开始，发达国家的一些企业相继尝试运用“污染预防”“废物最小化”“减废技术”“源削减”“零排放技术”“零废物生产”和“环境友好技术”等方法和措施，来提高生产过程中的资源利用效率，削减污染物，以减轻对环境和公众的危害。这些实践取得了良好的环境效益和经济效益，使人们认识到革新工艺过程及产品的重要性。

1972 年 6 月 5 日，联合国在斯德哥尔摩召开第一次环境大会，通过了《人类环境宣言》及保护全球环境的“行动计划”，成立了联合国环境规划署（UNEP）。在总结工业污染防治理论和实践的基础上，UNEP 于 1989 年提出了清洁生产的战略和推广计划。

1992 年在巴西里约热内卢召开的联合国环境与发展大会制定的《21 世纪议程》，将清洁生产作为实现可持续发展的重要内容，号召各国工业界提高能效，开发更先进的清洁技术，更新、替代对环境有害的产品和原材料，实现环境和资源的保护与合理利用。

环境保护在全世界范围内开始兴起。保护人类共同的家园，成为全人类的共识，并逐渐汇成了当今世界的可持续发展的潮流。正是在可持续发展思想、理念及其实践的逐步形成与不断发展的历史大背景下，基于对传统“末端治理”的环境污染控制实践的反思，清洁生产伴随而生，并成为支持可持续发展的有力战略措施。

1994 年，我国制定了《中国 21 世纪议程》，把建立资源节约型工业生产体系和推行清洁生产列入了可持续发展战略与重大行动计划中。

二、清洁生产的定义

清洁生产是国际社会在总结工业污染治理经验教训的基础上提出的一种新型污染预防和控制战略，随着清洁生产实践的不断深入，其定义一再更新，其内容又逐步扩展到服务业、农业、产品、消费等方面，其原则和方法已经融入环境保护和经济发展的各个方面，不仅广泛应用于废水、废气、固体废物的污染防治，而且还延伸到技术改造、生产管理、经济结构调整、环保产业、环境贸易和法制建设等领域，并开始探索建立“循环经济”和“循环社会”等。

1989 年，UNEP 对清洁生产的定义：清洁生产是：① 对工艺和产品不断进行运用的一种一体化的预防性环境战略，以减少其对人体和环境的风险；② 对于生产工艺，清洁生产包括节约原材料和能源，消除有毒原材料，并在一切排放物离开工艺之前削减其数量和毒性；③ 对于产品，战略重点是沿产品的整个生命周期，即从原材料提取到产品的最终处置，减少各种不利影响。

1996 年，UNEP 将清洁生产的概念重新定义为：清洁生产是关于产品生产过程的一种新的、创新性的思维方式。清洁生产意味着对生产过程、产品和服务持续运用的整体预防环境战略，以期增加生态效益并减轻人类和环境的风险。

对于产品，清洁生产意味着减少和降低产品从原材料使用到最终处置的全生命周期的不利影响。

对于生产过程，清洁生产意味着节约原材料和能源，取消使用有毒原材料，在生产过程排放废物之前削减废物的数量和毒性。

对于服务，要求将环境因素纳入设计和所提供的服务中。

《中国 21 世纪议程》中的有关的定义：清洁生产是指既可满足人们需要又可合理地使用自然资源并保护环境的实用生产方法和措施，其实质是一种物料和能源消耗最小的人类生产活动的规划和管理，将废物减量化、资源化和无害化，或消灭于生产过程之中。同时对人体和环境无害的绿色产品的生产亦将随着可持续发展进程的深入而日益成为今后生产的主导方向。

2002 年 6 月 29 日，第九届全国人民代表大会常务委员会第二十八次会议通过并正式颁布了《中华人民共和国清洁生产促进法》。该法的第一章第二条指出：“本法所称清洁生产，是指不断采取改进设计、使用清洁的能源和原料、采用先进的工艺技术与设备、改善管理、综合利用等措施，从源头削减污染，提高资源利用效率，减少或者避免生产、服务和产品使用过程中污染物的产生和排放，以减轻或者消除对人类健康和环境的危害。”这一定义概述了清洁生产的内涵、主要实施途径和最终目的。

清洁生产是在回顾和总结工业化实践的基础上，提出的关于产品和生产过程预防污染的一种全新战略。它综合考虑了生产和消费过程的环境风险（资源和环境容量）、成本和经济效益，是社会经济发展和环境保护对策演变到一定阶段的必然结果。

清洁生产突破了过去以末端治理为主的环境保护对策的局限，将污染预防纳入产品设计、生产过程和所提供的服务之中，是实现经济与环境协调发展的重要手段。

推行清洁生产的特点在于揭示传统生产技术与管理的缺陷和不足，针对生产全过程，不断提高资源、能源利用效率，采取改造、替代、淘汰和科学管理等方法，谋求实现以最小的资源环境代价，获取最大的社会经济效益。

推行清洁生产的侧重点是强调更加“清洁”的、更加科学合理的生产，特别要求在社会经济发展过程中转变生产和消费方式，通过持续的改进以达到节能、降耗、减污和增效的目的。

清洁生产的基本目标就是提高资源利用效率，减少和避免污染物的产生，保护和改善环境，保障人体健康，促进经济与社会的可持续发展。

三、清洁生产概念中包含的四层含义

清洁生产的目标：① 通过资源的综合利用，短缺资源的高效利用或代用，二次资源的利用及节能、降耗、节水，合理利用自然资源，减缓资源的耗竭。② 减少废物和污染物的生成和排放，促进工业产品的生产、消费过程与环境相容，降低整个工业活动对人类和环境的风险。

清洁生产的基本手段是改进工艺技术、强化企业管理，最大限度地提高资源、能源的利用率和改变产品体系，更新设计观念，争取废物最少排放即将环境因素纳入服务中去。

清洁生产的方法是排污审计，即通过审计发现排污部位、排污原因，并筛选消除或减少污染物的措施及产品生命周期分析。

清洁生产的终极目标是保护人类与环境，提高企业自身的经济效益。

四、清洁生产的内容的要求

1. 清洁生产的内容

（1）清洁的原料与能源。

指在产品生产中能被充分利用而极少产生废物和污染的原材料和能源。

① 少用或不用有毒、有害及稀缺原料，选用品位高的较纯洁的原材料；

② 常规能源的清洁利用，如何用清洁煤技术，逐步提高液体燃料、天然气的使用比例；

③ 新能源的开发，如太阳能、生物能、风能、潮汐能、地热能的开发利用；

④ 各种节能技术和措施等，如在能耗大的化工行业采用热电联产技术，提高能源利用率。

（2）清洁的生产过程。

生产过程就是物料加工和转换的过程，清洁的生产过程，要求选用一定的技术工艺，将废物减量化、资源化、无害化、直至将废物消灭在生产过程之中。

废物减量化，就是要改善生产技术、工艺和设备，以提高原料利用率，使原材料尽可能转化为产品，从而使废物达到最小量；废物资源化，就是将生产环节中的废物综合利用，转化为进一步生产的资源，变废为宝；废物无害化，就是减少或消除将要离开生产过程的废物的毒性，使之不危害环境和人类。

实现清洁生产过程的措施为：

① 尽量少用或不用有毒、有害的原料（在工艺设计中就应充分考虑）；

② 消除有毒、有害的中间产品；

③ 减少或消除生产过程的各种危险性因素，如高温、高压、低温、低压、易燃、易爆、强噪声、强震动；

④ 采用少废、无废的工艺；

⑤ 选用高效的设备和装置；

⑥ 做到物料的再循环（厂内、厂外）；

⑦ 简便、可靠的操作和控制。

⑧ 完善的管理等。

（3）清洁的产品。

指有利于资源的有效利用，在生产、使用和处置的全过程中不产生有害影响的产品。清洁产品又叫绿色产品、可持续产品等。

清洁产品应具备以下几方面的条件：

① 节约原料和能源，少用昂贵和稀缺原料，尽可能“废物”利用。

② 产品在使用过程中以及使用后不含有危害人体健康和生态环境的因素。

③ 易于回收、复用和再生。

④ 合理包装。

⑤ 合理的使用功能（以及具有节能、节水、降低噪声的功能）和合理的使用寿命。

⑥ 产品报废后易处理、易降解等。

2．清洁生产要求两个“全过程”控制

（1）产品的生命周期全过程控制。即从原材料加工、提炼到产品产出、产品使用直到报废处置的各个环节采取必要的措施，实现产品整个生命周期资源和能源消耗的最小化。

（2）生产的全过程控制。即从产品开发、规划、设计、建设、生产到运营管理的全过程，采取措施，提高效率，防止生态破坏和污染的发生。

清洁生产是一个相对的、动态的概念。所谓清洁的工艺技术、生产过程和清洁产品是和现有的工艺和产品相比较而言的。推行清洁生产，本身是一个不断完善的过程，随着社会经济发展和科学技术的进步，需要适时地提出新的目标，争取达到更高的水平。

五、实现清洁生产的途径和方法

清洁生产是一个系统工程，是对生产全过程以及产品的整个生命周期采取污染预防的综合措施。一项清洁生产技术要能够实施，首先，必须技术上可行；其次，要达到节能、降耗、减污的目标，满足环保法规的要求；第三，在经济上能够获利，充分体现经济效益、环境效益、社会效益的高度统一。应该从各行业的特点出发，在产品设计、原料选择、工艺参数、生产设备、操作规程等方面分析生产过程中减少污染物产生的可能性，寻找清洁生产的机会和潜力，促进清洁生产的实施。

1．实施清洁生产的途径

（1）资源的综合利用

通过原料的综合利用可直接降低产品成本、提高经济效益，同时也减少了废物的产生和排放。要对原料进行正确的鉴别，对原料中的每个组分都应建立物料平衡，列出目前和将来有用的组分，制订将其转变成产品的方案，并积极组织实施。

（2）改革工艺和设备

① 简化流程。减少工序和设备是削减污染排放的有效措施。

② 变间歇操作为连续操作。可以减少开车、停车的次数，保持生产过程的稳定状态，从而提高成品率，减少废料量。

③ 装置大型化。提高单套设备的生产能力，不但可强化生产过程，还可减低物耗和能耗。

④ 适当改变工艺条件。

⑤ 改变原料。

⑥ 配备自动控制装置。

⑦ 换用高效设备。

⑧ 开发利用最新科技成果的全新工艺。

（3）组织厂内的物料循环

① 将流失的物料回收后作为原料返回原工序中。

② 将生产过程中生成的废料经过适当处理后作为原料或原料替代物返回原生产流程中。

③ 将生产过程中生成的废料经过适当的处理后作为原料返用于本厂其他生产过程中。

（4）加强管理

根据全过程控制的概念，环境管理要贯穿于工业建设的整个过程以及落实到企业中的各个层次，分解到生产过程的各个环节；与生产管理紧密地结合起来。

强化企业管理是推行清洁生产优先考虑的措施，因为管理措施一般不涉及基本的工艺过程，花费又较少。经验表明往往可能削减40%的污染物。这些措施有：安装必要的检测仪表，加强计量监督；消除跑、冒、滴、漏；将环境目标分解到企业的各个层次，考核指标落实到各个岗位，实行岗位责任制；完备可靠的统计和审核；产品的质量保证；有效的指挥调度，合理安排批量生产的日程；减少设备清洗的次数，改进清洗方法；原料和成品妥善存放，保持合理的原料库存量；公平的奖惩制度；组织安全文明生产。

（5）改革产品体系

在传统模式中，产品的设计往往从单纯的经济考虑出发，根据经济效益采集原料、选择加工工艺和设备，确定产品的规格和性能，产品的使用常常以一次为限。

按照清洁生产的概念，对于工业产品要进行整体生命周期的环境影响分析，即产品生命周期评价。产品的生命周期是一种产品在市场上从开始出现到最终消失的过程，包括投入期、成长期、成熟期和衰落期的四个过程。在清洁生产中，这一术语是指一种产品从设计、生产、流通、消费以及报废后处置几个阶段（所谓从“摇篮”到“坟墓”）构成的整个过程。

产品的生命周期分析（或称产品生命周期评价），是对一种产品从设计制造到废物分解的全过程进行全面的环境影响分析与评估，并指出改善的途径。

（6）必要的末端处理

在全过程控制中的末端处理只是一种采取其他措施之后的最后把关措施。这种厂内的末端处理，往往作为送往集中处理前的预处理措施。在这种情况下，它的目标不再是达标排放，而是只需处理到集中处理设施可接纳的程度，其要求是：清污分流，减少处理量，有利于组织物料再循环；减量化处理，如脱水、压缩、包装、焚烧等；按集中处理的收纳要求进行厂内预处理。

（7）组织区域内的清洁生产

创建清洁生产的基本原理是按生态原则组织生产，实现物料的闭合循环。所谓按生态原则组织生产，就是地域性地将各个专业化生产（群落）有机地联合成一个综合生产体系（生态系统）。针对当地的资源条件，联合性质上不同类型的各种生产，使整个系统对原料和能量的利用达到很高的效率。

由于工业生产有明显的层次性，所以在不同层次上都有可能实现物料的闭合循环。一般希望在尽量低的层次上完成闭合，这样物料的运输路程缩短，额外的处理要求低，经济代价小。但是为了达到综合利用原料的目的，往往需要跨行业、跨地区的共同协作。随着层次的提高，物料闭合的可能性也相应扩大。在地区范围内削减和消除废料是实现清洁生产的重要途径之一。为此，可采取如下的具体措施：

① 围绕优势资源的开发利用，实现生产力的科学配置，组织工业链，建立优化的产业结构体系。

② 从当地自然条件及环境出发进行科学的区划，根据产业特点及物料的流向合理布局。

③ 统一考虑区域的能源供应，开发和利用清洁能源。

④ 建立供水、用水、排水、净化的一体化管理体制，进行城市污水集中处理并组织回用。

⑤ 组织跨行业的厂外物料循环，特别是大吨位固体废料的二次资源化。

⑥ 生活垃圾的有效管理和利用。

⑦ 合理利用环境容量，以环境条件作为经济发展的一个制约性因素，控制发展的速度和规模。

⑧ 建立区域环境质量监测和管理系统，重大事故应急处理系统。

⑨ 组织清洁生产的科技开发和装备供应。

2．实施清洁生产的主要工具

为了有效地实施清洁生产战略，国内外开发和建立了一些实施工具，主要有清洁生产审核、环境标志、产品生命周期评价、生态设计以及环境管理体系等。

（1）清洁生产审核。清洁生产审核是对企业现在的和计划进行的工业生产，运用以文件支持的一套系统化的程序方法，进行生产全过程评价、污染预防机会识别、清洁生产方案筛选的综合分析活动过程。它是支持帮助企业有效开展环境预防性清洁生产活动的手段，也是企业实施清洁生产的基础。清洁生产审核是目前最为成熟也是应用最广的一种实施清洁生产的方法。

在实行污染预防分析和评估的过程中，制定并实施减少能源、水和原材料使用，消除或减少产品和生产过程中有毒物质的使用，减少各种废弃物排放及其毒性的方案。

通过清洁生产审核达到：

① 核对有关单元操作、原材料、产品、用水、能源和废弃物的资料。

② 确定废弃物的来源、数量以及类型，确定废弃物削减的目标，制定经济有效的削减废弃物产生的对策。

③ 提高企业对由削减废弃物获得效益的认识和知识。

④ 判定企业效率低的“瓶颈”部位和管理不善的地方。

⑤ 提高企业经济效益和产品质量。

（2）环境标志。产品的生产不但消耗资源，而且影响环境，可以说产品是资源和环境负性的载体。为了保护和促进公众爱护环境的积极性，引导消费市场向有益于环境的方向发展，一些国家的政府相继实行了环境标志计划。20 世纪 80 年代以来，世界上出现了以环境标志（又称绿色标志）制度为核心的消费浪潮。

环境标志是某一个国家依据环境标准，规定产品从生产到使用的全过程必须符合环境保护的要求，对符合或者达到这一要求的产品颁发的证书或标志。如果商品上印制了特定的环境标志，就表明该商品与同类产品相比，在生产、流通、使用及处置全过程对生态环境无害或危害极小。实行环境标志的主要目的是增强全社会的环境意识，通过引导公众的购买取向，减少对环境有害的产品的生产和消费。它对转变不可持续的消费模式产生了积极的推动作用，同时也促进企业在生产过程中节约资源、降低污染，开发对环境有益的产品。

（3）产品生命周期评价。在清洁生产中，产品的生命周期是指产品从原料采集和处理、加工制作、运销、使用复用、再循环，直至最终处理处置和废弃等一系列环节组成的全过程，亦即体现产品从自然中来又回到自然中去的物质转化过程。生命周期有时也被形象地称作从“摇篮”到“坟墓”。按国际标准化组织的定义，“生命周期评价是对一个产品系统的生命周期中的输入、输出及潜在环境影响进行的综合评价”。

生命周期的概念为我们提供了一种新的思想原则，即考察产品的某种环境性能，应该遍及其生命周期的各个阶段，这样才能得出科学、全面的结论。产品生命周期评价是在产品设计开发过程中，继产品功能分析、技术分析、经济分析后的一种新的分析工具。该方法为环境标志、生态设计等提供依据。通过生命周期评价，可以阐明产品的整个生命周期中各个阶段对环境干预的性质和影响的大小，从而发现和确定预防污染的机会。目前，以生命周期为基础又逐渐衍生发展出生命周期风险分析、生命周期成本分析、生命周期管理等概念方法。

（4）生态设计。生态设计也叫绿色设计、生命周期设计或环境设计，它是随着绿色消费和绿色市场的兴起，在产品设计领域中出现的新潮流。产品的生态设计的基本思想是：污染预防应从产品的设计开始，把改善环境影响的努力灌注于产品的设计之中，从而帮助确定设计的决策方向。由于产品生命周期评价是一种可以系统分析评价产品整个生命周期环境影响的有效工具，因此基于生命周期评价的产品设计是当前以产品为对象实施清洁生产的研究和实践的热点。从整个生命周期过程推动产品的生态设计，不仅能够支持清洁产品的发展，而且有助于引导产生一个更具有可持续性的生产和消费系统。

产品设计是一个将人的某种目的或需要转换为一个具体的物理形式或工具的过程。传统的产品设计理论与方法是以人为中心、以满足人的需求和解决问题为出发点进行的，它忽视了后续的产品生产及其使用过程中的资源和能源的消耗以及对环境的排放。在传统的产品设计中，主要考虑的因子有：市场消费需求、产品质量、成本及制造技术的可行性等技术和经济因子，而没有将生态环境因子作为产品开发设计的一项重要因素。产品生命周期设计将引起设计思想和方法的重大转变，从“以人为中心”的产品设计转向“既考虑人的需求，又考虑生态系统的安全”的生态设计。

（5）环境管理体系。环境管理体系是一个组织实施环境管理与开展污染防治活动的组织基础和保证。随着清洁生产在生产过程中的推行，以往以末端治理为基础的环境管理模式需要向着以产品生命周期与生产过程为基础的全方位环境管理模式发展。这种深入组织全过程的环境管理需要采取系统综合的而不是孤立分割的管理方式进行，它不仅需要在组织活动过程的各个组成部分与环节中贯穿渗透清洁生产的考虑和行动，而且需要从其各个组成环节的相互影响和有机联系上去实施清洁生产的活动。特别是必须实施建立一套有效的环境管理体系，从组织管理上适应并支持清洁生产及其持续实施。

为了支持可持续发展在全球的实施，1993 年国际标准化组织开始了 ISO 14000 环境管理系列标准的研究与制定。其中 ISO 14001 关于环境管理体系的标准，依据 P（规划）、D（实施）、C（检查）、A（改进）的循环过程机制，为组织建立实施这样一个环境管理体系提供了指导。按照 ISO 14001，环境管理体系是组织管理体系的组成部分。它包括为制定、实施、评审和保持环境方针所需要的组织结构，规划活动、职责、惯例、程序、过程与资源。建立在规划、实施、检查、评审诸环节构成的动态循环过程基础上的 ISO 14001 环境管理体系，为组织实施、保持并实现其环境管理体系的不断改善，进而促进组织环境绩效的持续改进提供了一个系统结构化的运行机制。

从上述分析可以看出，清洁生产战略主要从产品改进、过程改进（包括生产过程和服务过程）和管理系统的改进来促进污染者自愿进行污染预防，减少污染物的产生。

六、清洁生产与末端治理的比较

传统的末端治理与生产过程相脱节，即“先污染，后治理”，侧重点是“治”；清洁生产从产品设计开始，到生产过程的各个环节，通过不断地加强管理和技术进步，提高资源利用率，减少乃至消除污染物的产生，侧重点是“防”（表 9-1）。传统的末端治理不仅投入多、治理难度大、运行成本高，而且往往只有环境效益，没有经济效益，企业没有积极性；清洁生产从源头抓起，实行生产全过程控制，污染物最大限度地消除在生产过程之中，不仅环境状况从根本上得到改善，而且能源、原材料和生产成本降低，经济效益提高，竞争力增强，能够实现经济与环境的“双赢”。清洁生产与传统的末端治理的最大不同是找到了环境效益与经济效益相统一的结合点，能够调动企业防治工业污染的积极性。

表 9-1　清洁生产与末端治理的比较

比较项目	清洁生产系统	末端治理（不含综合利用）
思考方法	污染物消除在生产过程中	污染物产生后再处理
产生时代	20 世纪 80 年代末期	20 世纪 70—80 年代
控制过程	生产全过程控制，产品生命周期全过程控制	污染物达标排放控制
控制效果	比较稳定	处理效果受产污量影响
产污量	明显减少	间接可推动减少
排污量	减少	减少
资源利用率	增加	无显著变化
资源耗用	减少	增加（治理污染消耗）
产品产量	增加	无显著变化
产品成本	降低	增加（治理污染费用）
经济效益	增加	减少（用于治理污染）
治理污染费用	减少	随排放标准严格，费用增加
污染转移	无	有可能
目标对象	全社会	企业及周围环境

从环境保护的角度，末端治理与清洁生产两者并非互不相容，也就是说推行清洁生产还需要末端治理。这是由于：工业生产无法完全避免污染的产生，最先进的生产工艺也不能避免产生污染物；用过的产品还必须进行最终处理、处置。因此，完全否定末端治理是不现实的，清洁生产和末端治理是并存的。只有不断努力，实

施生产全过程和治理污染过程的双控制，才能保证最终环境目标的实现。

七、推行清洁生产的意义

清洁生产是人类总结工业发展历史经验教训的产物，是一种新的创造性理念，这种理念将整体预防的环境战略持续应用于生产过程、产品和服务中，以提高生态效率和减少人类及环境的风险。清洁生产是环境保护战略由被动反应向主动行动的一种转变。20多年来全球的研究和实践，充分证明了清洁生产是有效利用资源、减少工业污染、保护环境的根本措施，它作为预防性的环境管理策略，已被世界各国公认为实现可持续发展的技术手段和工具，是可持续发展的一项基本途径，是可持续发展战略引导下的一场新的工业革命，是21世纪工业生产发展的主要方向，是现代工业发展的基本模式和现代工业文明的重要标志。UNEP 将清洁生产从四个层次上形象地概括为技术改造的推动者、改善企业管理的催化剂、工业运行模式的革新者、连接工业化和可持续发展的桥梁。

八、国际、国内推行清洁生产概况

经过20多年的发展，清洁生产逐渐趋于成熟，并为各国企业和政府所普遍认可。加拿大、荷兰、法国、美国、丹麦、日本、德国、韩国、泰国等国家纷纷出台有关清洁生产的法规和行动计划，世界范围内出现了大批清洁生产国家技术支持中心、非官方倡议以及手册、书籍和期刊等，实施了一大批清洁生产示范项目。至今，清洁生产已经建立了全球、区域、国家、地区多层次的组织与交流网络。大量的实践表明清洁生产可以达到环境效益和经济效益的统一。

UNEP 自1990年起每两年召开一次清洁生产国际高级研讨会，在1998年的第五次会议上推出了《国际清洁生产宣言》。UNEP 在2000年的第六届清洁生产国际高级研讨会上对清洁生产发展状况的概括是："对于清洁生产，我们已经在很大程度上达成全球范围内的共识，但距离最终目标仍有很长的路，因此，必须做出更多的承诺。"在2002年第七次清洁生产国际高级研讨会上，联合国环境规划署建议各国进一步加强政府的政策制定，使清洁生产成为主流，尤其是提高国家清洁生产中心在政策、技术、管理以及网络等方面的能力。会议还提出，清洁生产和可持续消费密不可分，建议改变生产模式与改变消费模式并举，进一步把可持续生产和消费模式融入商业运作和日常生活，乃至国际多边环境协议的执行中。

在推行清洁生产的过程中，世界各国都面临着不同的困难和阻力，并普遍呼唤促进清洁生产的新模式，各国也从各自的实际出发，采取了相应的措施和行动，许多发展中国家正在开展推动清洁生产的基础工作。一些发达国家如德国于1996年颁布了《循环经济和废物管理法》；日本为适应其经济软着陆时期的发展需求，在2000年前后相继颁布了《促进建立循环社会基本法》《提高资源有效利用法（修订）》等一系列法律，来建立循环社会；美国和加拿大也建立了污染预防方面的法律制度，大力推进污染预防工作。

我国与清洁生产相关的活动具有较长的历史，20世纪80年代，随着环境问题的日益严重，我国明确了“预防为主，防治结合”的环境政策，指出要通过技术改造把“三废”排放减少到最低限度。这个时期人们已认识到清洁生产在环境保护中的重要性。但限于当时的技术水平和资金，加之原来不合理产业结构的制约，使得这一政策的作用并没有完全发挥出来。1983年第二次全国环境保护会议上提出：环境问题要尽力在计划过程和生产过程中解决，实现经济效益、社会效益和环境效益统一的指导原则。1985年我国政府又提出了“持续、稳定、协调发展”的方针，在总结了我国环境保护工作和经济建设中的经验教训后，初步提出了可持续发展的思想。

自1993年，我国政府开始逐步推行清洁生产工作。在联合国环境规划署、世界银行的援助和许多外国专家的协助下，中国启动和实施了一系列推进清洁生产的项目，清洁生产从概念、理论到实践在中国广为传播。中国政府与世界银行、亚洲开发银行以及加拿大等国家政府开展了广泛的双边和多边合作，内容涉及清洁生产立法、政策研究、宣传培训、试点以及建立清洁生产信息系统等。

在立法方面，将推行清洁生产纳入有关的法律和部门规划中。我国在先后颁布和修订的《中华人民共和国大气污染防治法》《中华人民共和国水污染防治法》《中华人民共和国固体废物污染防治法》和《淮河流域水污染防治暂行条例》等法律法规中，将实施清洁生产作为重要内容，明确提出通过实施清洁生产防治工业污染。而《中华人民共和国清洁生产促进法》的颁布更标志着我国的清洁生产工作已走上法治化的轨道。

为贯彻和落实《中华人民共和国清洁生产促进法》，评价企业清洁生产水平，指导和推动企业依法实施清洁生产，根据《国务院办公厅转发发展改革委等部门关于加快推进清洁生产意见的通知》（国发办〔2003〕100号）和《工业清洁生产评价指标体系编制通则》（GB/T 20106—2006），国家发展改革委已组织编制并颁布实施了30个重点行业的清洁生产评价指标体系。

2012年2月29日第十一届全国人民代表大会常务委员会第二十五次会议通过了关于修改《中华人民共和国清洁生产促进法》的决定，将清洁生产促进工作纳入国民经济和社会发展规划、年度计划，并明确国务院清洁生产综合协调部门负责组织、协调全国的清洁生产促进工作。国务院环境保护、工业、科学技术、财政部门和其他有关部门，按照各自的职责，负责有关的清洁生产促进工作。县级以上地方人民政府负责领导本行政区域内的清洁生产促进工作。县级以上地方人民政府确定的清洁生产综合协调部门负责组织、协调本行政区域内的清洁生产促进工作。县级以上地方人民政府其他有关部门，按照各自的职责，负责有关的清洁生产促进工作。

2013年，国务院《关于加快发展节能环保产业的意见》（国发〔2013〕30号）要求加大重点行业清洁生产推行力度。

2015年，国务院批转发展改革委《关于2015年深化经济体制改革重点工作意见的通知》（国发〔2015〕26号）提出修订重点行业清洁生产评价指标体系。

第二节 清洁生产的评价

一、清洁生产指标的选取原则

1. 从产品生命周期全过程考虑

生命周期分析方法是清洁生产指标选取的一个最重要原则，它是从一个产品的整个寿命周期全过程地考察其对环境的影响，如从原材料的采掘，到产品的生产过程，再到产品销售，直至产品报废后的处置。“生命周期评价是对一个产品系统的生命周期中输入、输出及其潜在环境影响的汇总和评价。”

2. 体现污染预防为主的原则

清洁生产指标必须体现预防为主，要求完全不考虑末端治理，因此污染物产生指标是指污染物离开生产线时的数量和浓度，而不是经过处理后的数量和浓度。清洁生产指标主要应反映出项目实施过程中使用的资源量及产生的废物量，包括使用能源、水或其他资源的情况，通过对这些指标的评价，反映出项目的资源利用情况和节约的可能性，达到保护自然资源的目的。

3. 容易量化

清洁生产指标要力求定量化，对于难于定量的也应给出文字说明。清洁生产指标涉及面比较广，有些指标难以量化。为了使所确定的清洁生产指标既能够反映项目的主要情况，又简便易行，在设计时要充分考虑到指标体系的可操作性，因此，应尽量选择容易量化的指标项，这样，可以给清洁生产指标的评价提供有力的依据。

4. 满足政策法规要求和符合行业发展趋势

清洁生产指标应符合产业政策和行业发展趋势要求，并考虑行业特点。

二、清洁生产评价指标

根据生命周期分析，清洁生产评价指标应能覆盖原材料、生产过程和产品的各个主要环节，尤其对生产过程，既要考虑对资源的使用又要考虑污染物的产生。根据2013年国家发展改革委、环境保护部、工业和信息化部组织编制的《清洁生产评价指标体系编制通则》（试行稿），行业清洁生产评价指标体系由一级指标和二级指标组成。其中，一级指标包括生产工艺及装备指标、资源能源消耗指标、资源综合利用指标、污染物产生指标、产品特征指标和清洁生产管理指标等六类指标，每类指标又由若干个二级指标（应明确限定性指标）组成。根据行业特点，每个一级指标和二级指标在评价方法中均有相应的权重要求（一级指标的权重之和应为 1，每个一级指标下的二级指标权重之和也应为 1），并需明确权重的确定依据。通过以上技术方法既能使评价全面，又能抑制个别评价指标对评价结果准确性的掩盖，以达到清洁生产综合评价的目的。保证行业清洁生产评价指标体系框架参见表 9-2。

表 9-2 行业清洁生产评价指标体系框架

序号	一级指标	二级指标	单位
1	生产工艺及装备指标	工艺类型	—
2		装备设备	—
3		……	—
4	资源能源消耗指标	*单位产品综合能耗	tce（标准煤）/单位产品
5		*单位产品取水定额	t/单位产品
6		单位产品原辅料消耗	kg/单位产品
7		……	—
8	资源综合利用指标	余热余压利用率	%
9		工业用水重复利用率	%
10		工业固废综合利用率	%
11		……	—
12	污染物产生指标	*单位产品废水产生量	t/单位产品
13		*单位产品化学需氧量产生量	t/单位产品
14		*单位产品二氧化硫产生量	t/单位产品
15		*单位产品氨氮产生量	kg/单位产品
16		*单位产品氮氧化物产生量	kg/单位产品
17		……	—
18	产品特征指标	*有毒有害物质限量	—
19		易于回收、拆解的产品设计	—
20		……	—
21	清洁生产管理指标	清洁生产审核制度执行	—
22		清洁生产部门和人员配备	—
23		……	—

注：带*的指标为限定性指标。

1．生产工艺及装备指标

应从有利于引导采用先进适用技术装备、促进技术改造和升级等方面提出生产工艺及装备指标和要求。具体指标可包括装备要求、生产规模、工艺方案、主要设备参数、自动化控制水平等，因行业性质不同根据具体情况可作适当调整。

2．资源能源消耗指标

应从有利于减少资源能耗消耗、提高资源能源利用效率方面提出资源能源消耗指标及要求。具体指标可包括单位产品综合能耗、单位产品取水量、单位产品原/辅料消耗、一次能源消耗比例等指标，因行业性质不同根据具体情况可作适当调整。

3．资源综合利用指标

应从有利于废物或副产品再利用、资源化利用和高值化利用等方面提出资源综合利用指标及要求。具体指标可包括余热余压利用率、工业用水重复利用率、工业固体废物综合利用率等，因行业性质不同根据具体情况可作适当调整。

4．污染物产生指标

应从有利于从源头上减少污染物产生、有毒有害物质替代等方面提出污染物产生指标及要求。具体指标包括单位产品废水产生量、单位产品化学需氧量产生量、单位产品二氧化硫产生量、单位产品氨氮产生量、单位产品氮氧化物产生量和单位产品粉尘产生量，以及行业特征污染物等，因行业性质不同根据具体情况可作适当调整。

5．产品特征指标

应从有利于包装材料再利用或资源化利用、产品易拆解、易回收、易降解、环境友好等方面提出产品指标及要求。具体指标可包括有毒有害物质限量、易于回收和拆解的产品设计、产品合格率等，因行业性质不同根据具体情况可作适当调整。

6．清洁生产管理指标

应从有利于提高资源能源利用效率，减少污染物产生与排放方面提出管理指标及要求。具体指标可包括清洁生产审核制度执行、清洁生产部门设置和人员配备、清洁生产管理制度、强制性清洁生产审核政策执行情况、环境管理体系认证、建设项目环保“三同时”执行情况、合同能源管理、能源管理体系实施等，因行业性质不同根据具体情况可作适当调整。

7．限定性指标选取

限定性指标为对节能减排有重大影响的指标，或者法律法规明确规定严格执行的指标。原则上，限定性指标主要包括但不限于单位产品能耗限额、单位产品取水定额、有毒有害物质限量，行业特征污染物，行业准入性指标，以及二氧化硫、氮氧化物、化学需氧量、氨氮、放射性、噪声等污染物的产生量，因行业性质不同根据具体情况可作适当调整。

三、清洁生产指标基准值

1．指标基准值分级

根据当前各行业清洁生产技术、装备和管理水平，宜将二级指标的基准值分为三个等级：Ⅰ级为国际清洁生产领先水平；Ⅱ级为国内清洁生产先进水平；Ⅲ级为国内清洁生产一般水平。

2．指标基准值取值原则

应根据当前行业清洁生产情况，合理确定Ⅰ级、Ⅱ级和Ⅲ级基准值。确定Ⅰ级基准值时，应参考国际清洁生产指标领先水平，以当前国内5%的企业达到该基准值要求为取值原则；确定Ⅱ级基准值时，应以当前国内20%的企业达到该基准值要求为取值原则；确定Ⅲ级基准值时，以当前国内50%的企业达到该基准值要求为取值原则。

3．定性指标基准值取值原则

对于定性指标基准值无法划分级别时，应统一给出一个基准值。

四、清洁生产评价方法及程序

1．清洁生产评价方法

清洁生产综合评价指数计算方法采用限定性指标评价和指标分级加权评价相结合的方法。在限定性指标全部达到Ⅲ级水平的基础上，采用指标分级加权评价方法，计算行业清洁生产综合评价指数。根据综合评价指数，确定清洁生产等级。清洁生产综合评价指数计算方法如下：

（1）指标无量纲化

不同清洁生产指标由于量纲不同，不能直接比较，需要建立原始指标的隶属函数。

$$Y_{g_k}(x_{ij})=\begin{cases}100,\ x_{ij}\text{属于}g_k\\0,\ x_{ij}\text{不属于}g_k\end{cases}$$

式中，表示第 i 个一级指标下的第 j 个二级指标；g_k 表示二级指标基准值，其中 g_1 为Ⅰ级水平，g_2 为Ⅱ级水平，g_3 为Ⅲ级水平；Y_{g_k}（x_{ij}）为二级指标 x_{ij} 对于级别 g_k 的隶属函数。

如公式所示，若指标 x_{ij} 属于级别 g_k，则隶属函数的值为100，否则为0。

（2）综合评价指标计算

通过加权平均、逐层收敛可得到评价对象在不同级别 g_k 的得分 Y_{g_k}，如公式所示。

$$Y_{g_k}=\sum_{i=1}^{m}\left[w_i\sum_{j=1}^{n_i}\omega_{ij}Y_{g_k}(x_{ij})\right]$$

式中，w_i 为第 i 个一级指标的权重，ω_{ij} 为第 i 个一级指标下的第 j 个二级指标的权重，其中 $\sum_{i=1}^{m}w_i=1$，$\sum_{j=1}^{n_i}\omega_{ij}=1$，$m$ 为一级指标的个数；n_i 为第 i 个一级指标下二级指标的个数。另外，Y_{g_1} 等同于 Y_{I}，Y_{g_2} 等同于 Y_{II}，Y_{g_3} 等同于 Y_{III}。

（3）等级条件

Ⅰ级清洁生产水平（国际清洁生产领先水平）应同时满足以下条件：

——$Y_{\text{I}}\geqslant 85$；

——限定性指标全部满足Ⅰ级基准值要求。

Ⅱ级清洁生产水平（国内清洁生产先进水平）应同时满足以下条件：

——$Y_{\text{II}}\geqslant 85$；

——限定性指标全部满足Ⅱ级基准值要求及以上。

Ⅲ级清洁生产水平（国内清洁生产一般水平）应满足以下条件：

——$Y_{\text{III}}=100$。

2．清洁生产分析程序

采用指标对比法作为清洁生产评价的方法，其评价程序为：

（1）收集相关行业清洁生产标准，如果没有标准可参考，可与国内外同类装置清洁生产指标作比较。

（2）预测环评项目的清洁生产指标值。

（3）将预测值与清洁生产标准值对比。

（4）得出清洁生产评价结论。

（5）提出清洁生产改进方案和建议。

第三节　清洁生产审核

一、清洁生产审核概念

清洁生产审核，是指按照一定程序，对生产和服务过程进行调查和诊断，找出能耗高、物耗高、污染重的原因，提出降低能耗、物耗、废物产生以及减少有毒有害物料的使用、产生和废物资源化利用的方案，进而选定并实施技术经济及环境可行的清洁生产方案的过程。企业清洁生产审核是对企业现在和计划进行的工业生产进行预防污染的分析和评估，是企业实行清洁生产的起点，也是企业实施清洁生产的关键和核心。它揭示生产技术的缺陷，对生产全过程进行污染预防机会的分析。通过清洁生产审核，达到：

（1）核对有关单元操作、原材料、产品、用水、能源和废物的资料。

（2）确定废物的来源、数量以及类型，确定废物削减的目标，制定经济有效的削减废物产生量的对策。

（3）提高企业对由削减废物获得效益的认识和知识。

（4）判定企业效率低的“瓶颈”部位和管理不善的地方。

（5）提高企业经济效益和产品质量。

二、清洁生产审核程序

按照一定程序，对生产和服务过程进行调查和诊断，找出能耗高、物耗高、污染重的原因，提出减少有毒有害物料的使用和产生，降低能耗物耗以及废物产生的方案，进而选定技术、经济及环境可行的清洁生产方案的过程。清洁生产审核程序原则上包括审核准备、预审核、 审核、方案的产生和筛选、方案的确定、方案的实施、持续清洁生产等，具体审核工作表见表 9-3。

表 9-3 企业清洁生产审核工作表

清洁生产审核程序	工作表
审核准备	审核领导小组成员表
	审核工作小组成员表
	审核工作计划表
	清洁生产审核方案征集表
	清洁生产障碍及解决办法表
	清洁生产培训回馈表
预审核	企业基本情况表
	企业近三年环保手续情况表
	产品设计信息表
	企业现有的节能环保制度表
	输入输出物料汇总表
	主要设备情况表
	产品汇总表
	主要工艺和辅助工艺表
	污染物产排现状及特征表
	主要污染物治理情况表
	企业近三年原辅料和能源消耗表
	企业近三年产品情况表

清洁生产审核程序	工作表
预审核	企业近三年污染物情况表（去向和达标状况）
	与相关行业清洁生产标准指标对比分析表
	与行业内其他同类企业主要经济技术指标对比表
	清洁生产审核目标设置表
	企业废物产生以及能耗、物耗原因分析表
	备选审核重点情况汇总表
	权重和计分排序法确定审核重点表
	企业明显易见方案汇总表
审核	审核重点单元操作功能说明表
	审核重点物流实测准备表
	审核重点物流实测数据表
	审核重点的物料和能源衡算分析表
	审核重点物料和能源损失原因分析表
	审核重点废物产生原因分析表
实施方案的产生和筛选	方案汇总表
	方案简易筛选表
	方案权重与得分评判依据表
	中/高费方案权重总和计分排序表
	中/高费方案说明表
	无/低费方案实施效果的核定与汇总表
实施方案的确定	投资费用统计表
	运行费用和收益统计表
	中/高费方案技术评估
	中/高费方案经济评估指标汇总表
	中/高费方案环境效益评估汇总表
	中/高费方案可行性分析结果汇总表
方案的实施	已实施清洁生产方案（按费用大小分类）统计汇总表
	已实施清洁生产方案（按审核八个方面分类）统计汇总表
	已实施方案取得经济与环境效益汇总表
	已实施清洁生产方案与行业清洁标准对比分析表
	拟实施清洁生产方案（按费用大小分类）统计汇总表
	拟实施清洁生产方案（按审核八个方面分类）统计汇总表
	拟实施清洁生产方案与行业清洁标准对比分析表
	拟实施方案取得经济与环境效益汇总表
	计划实施的清洁生产方案表
	计划方案实施后对清洁生产目标影响一览表
	计划方案实施后清洁生产指标核算表

清洁生产审核程序	工作表
方案的实施	计划实施清洁生产方案与行业清洁标准对比分析表
	计划方案实施后预计取得的经济与环境效益汇总表
	全部方案实施汇总表
	全部方案实施后对完成清洁生产目标的影响变化情况表
	全部方案实施后清洁生产标准对比分析表
	全部方案实施后取得的经济与环境效益汇总表
	本次清洁生产审核指标与行业清洁生产标准对比表
持续清洁生产	持续清洁生产计划表（领导组成、实施计划、方案汇总）

第四节　清洁生产与ISO 14000

清洁生产是指以节约能源、降低原材料消耗、减少污染物的排放量为目标，以科学管理、技术进步为手段，目的是提高污染防治效果，降低污染防治费用，消除或减少工业生产对人类健康和环境的影响。因此，清洁生产可以理解为工业发展的一种目标模式，即利用清洁能源、原材料，采用清洁的生产工艺技术，生产出清洁的产品。同时，实现清洁生产，不是单纯从技术、经济角度出发来改进生产活动，而是从生态经济的角度出发，根据合理利用资源，保护生态环境这一原则，考察工业产品从研究、设计、生产到消费的全过程，以期协调社会和自然的相互关系。

ISO 14000 系列标准是集近年来世界环境管理领域的最新经验与实践于一体的先进体系。包括环境管理体系（EMS）、环境审计（EA）、生命周期评估（LCA）和环境标志（EL）等方面的系列国际标准，与其他环境质量标准、排放标准完全不同，它是自愿性的管理标准，为各类组织提供了一整套标准化的环境管理方法。ISO 14000 环境管理体系旨在指导并规范企业（及其他所有组织）建立先进的体系，引导企业建立自我约束机制和科学管理的行为标准。它适用于任何规模与组织，也可以与其他管理要求相结合，帮助企业实现环境目标与经济目标。

清洁生产与 ISO 14000 环境管理体系是从经济—环境协调可持续发展的角度提出的新思想、新措施，是 20 世纪 90 年代环境保护发展的新特点，但它们之间有很大的差别：

（1）侧重点不同。清洁生产着眼于生产本身，以改进生产、减少污染产出为直接目标；而 ISO 14000 标准侧重于管理，强调标准化的集国内外环境管理经验于一体的、先进的环境管理体系模式。

（2）实施目标不同。清洁生产是直接采用技术改造，辅以加强管理；而 ISO 14000

标准是以国家法律法规为依据，采用优良的管理，促进技术改造。

（3）审核方法不同。清洁生产是以工艺流程分析、物料和能量平衡等方法为主，确定最大污染源和最佳改进方法；环境管理体系侧重于检查企业自我管理状况，审核对象有企业文件、现场状况及记录等具体内容。

（4）产生的作用不同。清洁生产向技术人员和管理人员提供了一种新的环保思想，使企业环保工作重点转移到生产中来；ISO 14000 标准为管理层提供一种先进的管理模式，将环境管理纳入其他的管理之中，让所有职工意识到环境问题，并明确自己的职责。

由此可知，清洁生产虽然已强调管理，但技术含量较高；环境管理体系强调污染预防技术的采用，但管理色彩较浓；两者共同体现了治理污染预防为主的思想，两者相辅相成，互相促进。ISO 14000 标准为清洁生产提供了机制、组织保证，清洁生产为 ISO 14000 提供了技术支持。只有把环境管理分成等级与清洁生产有机地结合起来，改善环境管理，推行清洁生产，才有可能实现环境的可持续发展。

第十章　节能减排

第一节　概　述

一、何谓节能减排

节能减排就是降低能源消耗、减少污染排放。

二、节能减排的由来

1973 年中东战争，石油输出国组织（OPEC）的主要力量阿拉伯国家因不满西方国家支持以色列而采取石油禁运引发了全球范围内石油危机，从而拉开了世界范围内能源危机的序幕。由于石油危机使美国、日本及欧盟等石油进口国的能源忧患意识日盛，能源节约被提到了各国政府的重要议事日程，世界各国开始重视提高能源效率。为确保防范能源危机、确保能源安全和合理利用能源。1975 年美国率先制定了《能源政策法》，接着日本于 1979 年制定了《节约能源法》。在减排方面，20 世纪 80 年代环境污染尤其是温室气体的过度排放引起了人们的高度重视。1992 年联合国通过了关于气候变化的框架公约以后，减少温室气体排放和提高能源效率的协议就为发达国家迅速采纳。

发达国家都把节能战略放在国家能源战略的首位。美国和欧盟能源需求大，对外依赖强，所以其能源政策的首要点都是提高能源使用效率。日本的能源战略原本是以石油的安全稳定供应为主，但近来的调整又再次强调进一步提高能源效率，通过进一步加大节能法的执行力度，大力开发和广泛使用节能技术，最大限度地节约能源。从制定《节约能源法》30 年来，正是这种法律上约束、税收上优惠、政策上引导、观念上宣传的战略方针，使日本变成当今在新能源及节能技术领域引领世界的局面。回顾国外在节能减排方面的历史，可以发现他们有若干成功经验就是把节能战略放在国家能源战略的首位。

三、中国节能减排的发展

改革开放以来，经济持续高速发展，综合国力得到了较大提高，能源消费呈现快速增长的态势。目前我国已成为世界第二大能源消费大国，但与此伴生的是日渐突出的环境污染问题和资源过度消耗。目前我国能源发展正面临着严峻形势和挑战，主要表现在以下几个方面。

（1）中国工业化、城市化阶段对能源增长有更高的依赖性。近几年工业发展情况表明，中国工业进入了工业化中期。机械、汽车、钢铁等重工业迅速发展，成为拉动经济增长的主要力量。重工业单位增加值的能耗明显高于轻纺工业。这是近年经济增长对能源需求明显提高的重要因素。

中国城镇人口在未来一个时期，存在着农村人口向城市大量转移的趋势。城镇人口平均年消耗能源为农村的 3.5 倍，能源供应相应也在增加。另外城镇居民消费进入新的结构升级阶段，人均住房面积、每千人拥有汽车数量的增加，都使人均能耗呈增长趋势。

改革开放以来中国正成为世界制造基地之一，国际能源需求逐渐向中国转移。

尽管目前中国人均消耗能源仅为世界平均水平的 45%左右，但中国重化工业为主拉动工业增长的阶段、城市人口持续增加、居民消费结构升级以及成为世界制造基地的发展过程，都对能源增长有更高的依赖。

（2）落后的经济增长方式已经走到尽头。改革开放后，我们用 20 年时间实现了经济总量翻两番。面对能源效率极低的情况，在这期间一直关注节能降耗，能源利用效率逐步提高。据测算，1980—2000 年，中国单位产值能耗下降 64%，高于同期世界单位产值能耗平均下降 19%、联合国经合组织平均下降 20%的水平。

但由于发展阶段的限制和体制上的弊端，对节能的管理偏重工业，忽视交通和建筑节能；偏重行政管理，忽视激励措施；偏重政策制定，忽视贯彻实施；偏重技术改造，忽视技术创新；回顾 20 年的发展，总体上还没有走出高增长、高消耗、高污染的粗放型扩张和外延为主的经济增长方式。

2001 年，全国能耗费用支出达 1.25 万亿元，占 GDP 的 13.5%，而同期美国只占 7%。中国 11 个高能耗产业的 33 种产品能耗比国际先进水平高 46%左右，这些高耗能部门与国际水平相比，每年多耗能约 2.3 亿 t 标准煤。2001 年世界银行发展报告列举的世界污染最严重的 20 个城市中，中国占了 16 个；中国大气污染造成的损失已经占到 GDP 的 3%～7%。这一切都说明，传统高速度、高消耗、高污染、低效率的经济增长方式已经无以为继。

（3）石油安全将成为国家安全的重要内容。随着人均收入水平的提高，中国必须面对难以避免的两个情况。一是石油消费量显著增加，二是需要大量进口石油满足国内需求。自 1993 年中国成为石油净进口国之后，中国石油对外依存度从 1995 年的 7.6%增加到 2000 年的 33.8%。

（4）能源控总量、调结构、保安全面临全新的挑战。我国能源资源短缺，常规化石能源可持续供应能力不足，我国油气进口来源相对集中，远洋自主运输能力不足，金融支撑体系亟待加强，能源储备应急体系不健全，应对国际市场波动和突发性事件能力不足，能源安全保障压力巨大。我国能源结构以煤为主，开发利用方式粗放，资源环境压力加大。大量水资源被消耗或污染，煤矸石堆积大量占用和污染土地，酸雨影响面积达 120 万 km^2，主要污染物和温室气体排放总量居世界前列。国内生态环境难以继续承载粗放式发展，国际上应对气候变化的压力日益增大，迫切需要绿色转型发展；我国服务业发展滞后，能源密集型产业低水平过度发展、比重偏大，钢铁、有色、建材、化工四大高载能产业用能约占能源消费总量一半，单位产值能耗高；能源科技创新投入不足，研发力量较为分散，领军人才稀缺，自主创新基础薄弱，能源装备制造整体水平与国际先进水平相比仍有较大差距，关键核心技术和先进大型装备对外依赖程度较高，能源产业总体上大而不强，迫切需要进一步深化能源科技体制改革，大力提升能源科技自主创新能力；能源产业行政垄断、市场垄断和无序竞争现象并存，价格机制不完善。煤电矛盾日益突出。风电、太阳能发电、小水电和分布式发电上网受到电力系统及运行机制制约。能源行业管理薄弱，缺位与错位现象并存，资源管理亟待规范，行业统计亟待加强。推动能源科学发展，迫切需要加快推进能源体制改革。

《中华人民共和国国民经济和社会发展第九个五年规划纲要》正式提出了“资源开发与节约并举，把节约放在首位，提高资源利用效率”的节能减排方针。“九五”时期（1995—2000 年），这一方针为缓解资源短缺，减少环境污染，提高经济增长的质量和效益，保障国民经济持续、快速、健康发展发挥了重要作用。1998 年 1 月 1 日《中华人民共和国节约能源法》正式颁布实施，并出台了一系列配套法规。

“十五”期间，国家把实施可持续发展战略放在更加突出的位置。实施可持续发展战略要求节约资源、保护环境，正确处理好经济发展与资源、环境的关系。

《中华人民共和国国民经济和社会发展第十一个五年规划纲要》提出了“十一五”期间到 2010 年节能方面万元 GDP 能耗由 2005 年的 1.22 t 标准煤下降到 1 t 标准煤以下，降低 20%左右；减排方面主要污染物排放总量减少 10%，全国设市城市污水处理率不低于 70%，工业固体废物综合利用率达到 60%以上。

2011 年 3 月 16 日，《国民经济和社会发展十二五规划纲要》公布，明确提出逐步建立碳排放交易市场。

2011 年 10 月 29 日，国家发改委办公厅发出《关于开展碳排放权交易试点工作的通知》，同意北京、上海、天津、重庆、湖北、广东、深圳等七省市开展碳排放权交易试点。

2011 年 12 月 1 日，国务院关于印发《“十二五”控制温室气体排放工作方案的通知》，明确大幅度降低单位国内生产总值二氧化碳排放，到 2015 年全国单位国内生产总值二氧化碳排放比 2010 年下降 17%。控制非能源活动二氧化碳排放和甲烷、氧化亚氮、氢氟碳化物、全氟化碳、六氟化硫等温室气体排放取得成效。应对气候变化政策体系、体制机制进一步完善，温室气体排放统计核算体系基本建立，碳排放交易市场逐步形成。通过低碳试验试点，形成一批各具特色的低碳省区和城市，建成一批具有典型示范意义的低碳园区和低碳社区，推广一批具有良好减排效果的低碳技术和产品，控制温室气体排放能力得到全面提升。

2011 年 12 月 31 日，国家林业局办公室关于印发《林业应对气候变化“十二五”行动要点》的通知，根据应对气候变化国家战略总体要求，结合林业发展“十二五”规划，紧紧围绕实现林业“双增”奋斗目标，“十二五”期间，全国完成造林任务 3 000 万 hm^2、森林抚育经营任务 3 500 万 hm^2，到 2015 年森林覆盖率达 21.66%，森林蓄积量达 143 亿 m^3，森林植被总碳储量达到 84 亿 t；新增沙化土地治理面积 1 000 万 hm^2；湿地面积达到 4 248 万 hm^2，自然湿地保护率达到 55%；林业自然保护区面积占国土面积比例稳定在 13%，90%以上国家重点保护野生动物和 80%以上极小种群野生植物种类得到有效保护；森林火灾受害率稳定控制在 1‰；林业有害生物成灾率控制在 4.5‰；初步建成全国林业碳汇计量监测体系。

2012 年 6 月 13 日，国家发展改革委关于印发《温室气体自愿减排交易管理暂行办法》的通知，适用于二氧化碳（CO_2）、甲烷（CH_4）、氧化亚氮（N_2O）、氢氟碳化物（HFCs）、全氟化碳（PFCs）和六氟化硫（SF_6）等六种温室气体的自愿减排量的交易活动。

2013 年 1 月 1 日，国务院关于印发《能源发展“十二五”规划》的通知，要加快建设山西、鄂尔多斯盆地、内蒙古东部地区、西南地区、新疆五大国家综合能源基地。到 2015 年，五大基地一次能源生产能力达到 26.6 亿 t 标准煤，占全国 70%以上；向外输出 13.7 亿 t 标准煤，占全国跨省区输送量的 90%；单位国内生产总值二氧化碳排放比 2010 年下降 17%。每千瓦时煤电二氧化硫排放下降到 1.5 g，氮氧化物排放下降到 1.5 g。能源开发利用产生的细颗粒物（$PM_{2.5}$）排放强度下降 30%以上。煤炭矿区土地复垦率超过 60%。

2013 年，国务院关于《加快发展节能环保产业》的意见，完善激励约束机制，建立统一开放、公平竞争、规范有序的市场秩序。节能环保产业产值年均增速在 15%以上，到 2015 年，总产值达到 4.5 万亿元，成为国民经济新的支柱产业。通过推广节能环保产品，有效拉动消费需求；通过增强工程技术能力，拉动节能环保社会投资增长，有力支撑传统产业改造升级和经济发展方式加快转变。

2013 年 10 月 15 日，国家发展改革委办公厅关于印发《首批 10 个行业企业温室气体排放核算方法与报告指南（试行）》的通知，含发电、电网、钢铁、化工、电解铝、镁冶炼、平板玻璃、水泥、陶瓷及民航等企业。

2013 年年底，深圳、北京、天津、上海、广东等地相继开展了碳排放权试点交易。

2014 年 4 月，国务院批转发展改革委关于《2014 年深化经济体制改革重点任务意见》的通知，推动工业、建筑、交通运输、公共机构等重点领域和重点单位节能减排，加快制定和完善配套政策措施。研究全国碳排放总量控制和分解落实机制，研究制定全国碳排放权交易管理办法。推动能源生产和消费方式变革，控制能源消费总量，建立健全碳强度下降和节能目标责任制及评价考核体系。出台更为严格的节水管理办法和相关标准。

2014 年 12 月 3 日，国家发展改革委办公厅关于印发《第二批 4 个行业企业温室气体排放核算方法与报告指南（试行）》的通知，含石油和天然气、石油化工、独立焦化和煤炭生产等企业。

2015 年 7 月 6 日，国家发展改革委办公厅关于印发《第三批 10 个行业企业温室气体排放核算方法与报告指南（试行）》的通知，含造纸和纸制品、其他有色金属冶炼和压延加工业、电子设备制造、机械设备制造、矿山、食品、烟草及酒、饮料和精制茶、公共建筑运营单位、陆上交通运输、氟化工工业其他行业等企业。

2016 年，《国民经济和社会发展第十三个五年规划纲要》提出实施重点行业清洁生产改造。

2016 年，国家发展改革委办公厅关于《切实做好全国碳排放权交易市场启动重点工作》的通知，结合经济体制改革和生态文明体制改革总体要求，以控制温室气体排放、实现低碳发展为导向，充分发挥市场机制在温室气体排放资源配置中的决定性作用，国家、地方、企业上下联动、协同推进全国碳排放权交易市场建设，确保 2017 年启动全国碳排放权交易，实施碳排放权交易制度。

2016 年 3 月，国务院批转发展改革委关于《2016 年深化经济体制改革重点任务意见》的通知，建立健全市场化环境治理和生态保护机制。制定用能权有偿使用和交易制度方案。深入开展排污权有偿使用和交易试点。制定全国碳排放权交易总量设定与配额分配方案，推动碳市场建设。

2016 年，为加快推进绿色低碳发展，确保完成“十三五”规划纲要确定的低碳发展目标任务，推动我国二氧化碳排放 2030 年左右达到峰值并争取尽早达峰，制定了《“十三五”控制温室气体排放工作方案》。同年，国务院印发了《“十三五”节能减排综合工作方案》，为更深入推动节能减排工作奠定了坚实的基础。

2020 年 12 月 25 日，生态环境部部务会议审议通过了《碳排放权交易管理办法（试行）》，用于全国碳排放权交易及相关活动，包括碳排放配额分配和清缴，碳排放权登记、交易、结算，温室气体排放报告与核查等活动，以及对前述活动的监督管理。

2020 年 12 月 29 日，生态环境部印发《2019—2020 年全国碳排放权交易配额总量设定与分配实施方案（发电行业）》《纳入 2019—2020 年全国碳排放权交易配额管理的重点排放单位名单》并做好发电行业配额预分配工作的通知。

2021 年，国务院关于《加快建立健全绿色低碳循环发展经济体系的指导意见》，到 2025 年，产业结构、能源结构、运输结构明显优化，绿色产业比重显著提升，基础设施绿色化水平不断提高，清洁生产水平持续提高，生产生活方式绿色转型成效显著，能源资源配置更加合理、利用效率大幅提高，主要污染物排放总量持续减少，碳排放强度明显降低，生态环境持续改善，市场导向的绿色技术创新体系更加完善，法律法规政策体系更加有效，绿色低碳循环发展的生产体系、流通体系、消费体系初步形成。到 2035 年，绿色发展内生动力显著增强，绿色产业规模迈上新台阶，重点行业、重点产品能源资源利用效率达到国际先进水平，广泛形成绿色生产生活方式，碳排放达峰后稳中有降，生态环境根本好转，美丽中国建设目标基本实现。

2021 年 3 月，《中华人民共和国国民经济和社会发展第十四个五年规划和 2035 年远景目标纲要》，2035 年远景目标“广泛形成绿色生产生活方式，碳排放达峰后稳中有降，生态环境根本好转，美丽中国建设目标基本实现”“十四五”时期经济社会发展主要目标“国土空间开发保护格局得到优化，生产生活方式绿色转型成效显著，能源资源配置更加合理、利用效率大幅提高，单位国内生产总值能源消耗和二氧化碳排放分别降低 13.5%、18%，主要污染物排放总量持续减少，森林覆盖率提高到 24.1%，生态环境持续改善，生态安全屏障更加牢固，城乡人居环境明显改善”。

2021 年 9 月 22 日，国务院关于《完整准确全面贯彻新发展理念做好碳达峰碳中和工作》的意见，到 2025 年，绿色低碳循环发展的经济体系初步形成，重点行业能源利用效率大幅提升。单位国内生产总值能耗比 2020 年下降 13.5%；单位国内生产总值二氧化碳排放比 2020 年下降 18%；非化石能源消费比重达到 20%左右；森林覆盖率达到 24.1%，森林蓄积量达到 180 亿 m^3，为实现碳达峰、碳中和奠定坚实基础。到 2030 年，经济社会发展全面绿色转型取得显著成效，重点耗能行业能源利用效率达到国际先进水平。单位国内生产总值能耗大幅下降；单位国内生产总值二氧化碳排放比 2005 年下降 65%以上；非化石能源消费比重达到 25%左右，风电、太阳能发电总装机容量达到 12 亿 kW 以上；森林覆盖率达到 25%左右，森林蓄积量达到 190 亿 m^3，二氧化碳排放量达到峰值并实现稳中有降。到 2060 年，绿色低碳循环发展的经济体系和清洁低碳安全高效的能源体系全面建立，能源利用效率达到国际先进水平，非化石能源消费比重达到80%以上，碳中和目标顺利实现，生态文明建设取得丰硕成果，开创人与自然和谐共生新境界。

2021年10月24日，国务院关于印发《2030年前碳达峰行动方案》的通知，“十四五”期间，产业结构和能源结构调整优化取得明显进展，重点行业能源利用效率大幅提升，煤炭消费增长得到严格控制，新型电力系统加快构建，绿色低碳技术研发和推广应用取得新进展，绿色生产生活方式得到普遍推行，有利于绿色低碳循环发展的政策体系进一步完善。到2025年，非化石能源消费比重达到20%左右，单位国内生产总值能源消耗比2020年下降13.5%，单位国内生产总值二氧化碳排放比2020年下降18%，为实现碳达峰奠定坚实基础。“十五五”期间，产业结构调整取得重大进展，清洁低碳安全高效的能源体系初步建立，重点领域低碳发展模式基本形成，重点耗能行业能源利用效率达到国际先进水平，非化石能源消费比重进一步提高，煤炭消费逐步减少，绿色低碳技术取得关键突破，绿色生活方式成为公众自觉选择，绿色低碳循环发展政策体系基本健全。到2030年，非化石能源消费比重达到25%左右，单位国内生产总值二氧化碳排放比2005年下降65%以上，顺利实现2030年前碳达峰目标。

2022年6月13日，生态环境部、国家发展和改革委员会、工业和信息化部、住房和城乡建设部、交通运输部、农业农村部、国家能源局关于印发《减污降碳协同增效实施方案》的通知，到2025年，减污降碳协同推进的工作格局基本形成；重点区域、重点领域结构优化调整和绿色低碳发展取得明显成效；形成一批可复制、可推广的典型经验；减污降碳协同度有效提升。到2030年，减污降碳协同能力显著提升，助力实现碳达峰目标；大气污染防治重点区域碳达峰与空气质量改善协同推进取得显著成效；水、土壤、固体废物等污染防治领域协同治理水平显著提高。

2023年11月7日，生态环境部、外交部、国家发展和改革委员会、科学技术部、工业和信息化部、财政部、自然资源部、住房和城乡建设部、农业农村部、应急管理部、国家能源局关于印发《甲烷排放控制行动方案》的通知，“十四五”期间，甲烷排放控制政策、技术和标准体系逐步建立，甲烷排放统计核算、监测监管等基础能力有效提升，甲烷资源化利用和排放控制工作取得积极进展。种植业、养殖业单位农产品甲烷排放强度稳中有降，全国城市生活垃圾资源化利用率和城市污泥无害化处置率持续提升。“十五五”期间，甲烷排放控制政策、技术和标准体系进一步完善，甲烷排放统计核算、监测监管等基础能力明显提升，甲烷排放控制能力和管理水平有效提高。煤矿瓦斯利用水平进一步提高，种植业、养殖业单位农产品甲烷排放强度进一步降低。此后，石油天然气开采行业力争逐步实现陆上油气开采零常规火炬。

四、节能减排的重要性

我国经济快速增长，综合国力得到了较大提高，但也付出了巨大的资源和环境代价。我们面临的问题是：经济增长需要资源消耗，资源消耗带来环境污染，环境污染又反过来影响生活质量和经济增长。

一方面经济发展与资源、环境的矛盾日趋尖锐（主要因为经济结构不合理、增长方式粗放直接相关）；另一方面若继续维持现有增长方式，资源支撑不住，环境容纳不下，社会承受不起，经济发展难以为继。故我们必须实施节能减排、清洁生产。

节能不再仅仅是我们过去宣传“节约一滴水、一度电”的公益性行为，而是规模庞大的经济问题。随着资源能源紧缺压力加大，对经济社会发展的“瓶颈”制约日益突出，节能对于我国的能源安全、环境保护和经济社会的可持续发展都具有非常深远的意义。

五、目前我国能耗水平

根据《中国能源统计年鉴 2022》，按 2020 年可比价格计算，2021 年万元国内生产总值能源消费量为 0.47 t 标准煤/万元，万元国内生产总值煤炭消费量为 0.39 t/万元，万元国内生产总值焦炭消费量为 0.04 t/万元，万元国内生产总值石油消费量为 0.06 t/万元，万元国内生产总值原油消费量为 0.07 t/万元，万元国内生产总值电力消费量为 0.08 t/万元。

2022 年全国万元国内生产总值能耗比上年下降 0.1%。重点耗能工业企业单位电石综合能耗下降 1.6%，单位合成氨综合能耗下降 0.8%，吨钢综合能耗上升 1.7%，单位电解铝综合能耗下降 0.4%，每千瓦时火力发电标准煤耗下降 0.2%。全国万元国内生产总值二氧化碳排放下降 0.8%。

六、我国能源发展战略

节约优先、立足国内、多元发展、依靠科技、保护环境、加强国际互利合作。

“节约优先”就是把资源节约作为基本国策，坚持能源开发与节约并举、节约优先，加快转变经济发展方式，推动产业结构优化升级，鼓励节能技术研发，普及节能产品，提高能源管理水平，完善节能法规和标准，不断提高能源效率。

“立足国内”就是主要依靠国内增加能源供给，通过稳步提高国内安全供给能力，不断满足能源市场日益增长的需求。

“多元发展”就是通过有序发展煤炭，积极发展电力，加快发展石油天然气，鼓励开发煤层气，大力发展水电等可再生能源，积极推进核电建设，科学发展替代能源，优化能源结构，实现多能互补，保证能源的稳定供应。

“依靠科技”就是充分依靠能源科技进步，增强自主创新能力，提升引进技术消化吸收和再创新能力，突破能源发展的技术“瓶颈”，提高关键技术和重大装备制造水平，开创能源开发利用新途径，增强发展后劲。

“保护环境”就是以建设资源节约型和环境友好型社会为目标，积极促进能源与环境的协调发展。坚持在发展中实现保护、在保护中促进发展，实现可持续发展。

“加强国际互利合作”就是在平等互惠和互利双赢的基础上，以坦诚务实的态度，与国际社会加强能源合作，共同维护国际能源安全与稳定。

七、我国耗煤占比

2022 年，我国原煤消耗 42.8 亿 t，与 2021 年比上升了 1.64 亿 t，达到历史新高。其中发电厂用煤 23.5 亿 t，工业农业等用煤 19.3 亿 t。分行业看：电力行业 23.5 亿 t（54.9%）；化工行业 3.3 亿 t（7.7%）；钢铁行业 7.7 亿 t（18%）；建材行业 5.0 亿 t（11.7%）；民用煤及其他 3.2 亿 t（7.5%）。其中，有 1.9 亿～2.2 亿 t 煤以煤矸石形式存在，其中建材行业、水泥行业使用煤矸石量较大。

第二节 能源基本概念

一、能、能量、能源

能在物理学中指物体做功的能力，它包括动能、势能、热能、电能、光能、核能、辐射能和化学能。

能量是物质的重要属性之一，它有许多形式，如热能、机械能、光能、电能、核能和化学能等。所有这些形式，均可归为动能和位能两种。动能是物质运动所具有的能量，如机械能、热能等；位能是系统状态所具有的能量，如化学能、核能和电动势能等。支配能量的基本自然定律有热力学第一定律（能量守恒定律）及热力学第二定律。

能量则是对上述各种能的计量，通常用卡（cal）和焦耳（J）来衡量。实际工作中还用煤当量（标准煤）和油当量（标准油）来衡量。1 cal＝4.187 J=1 g 水加热 1℃需要的能量；1 kg 标煤（kgce）发热量＝29.3 kJ。

能源是一种呈多种形式的，且可以相互转换的能量的源泉，是自然界中能为人类的生产和生活提供某种形式能量的物质资源。① 含义 1：物质体内都含有一定的能量。② 含义 2：我们利用技术手段可以直接或间接转换出能量来的载能体（物质资源）才称为能源。

二、能源分类

1. 按蕴藏方式不同分三类

（1）第一类能源，即来自地球以外的能源，主要指太阳能。太阳每年平均输入地球的能量为 178 000 太瓦年（1 太瓦年＝31.5×10^{15} kJ），相当于 190 万亿 t 标准煤。广义地说，煤、石油、天然气、油页岩和油质砂等矿物一次能源都是由历史上的有机生物质蓄积的太阳能。

（2）第二类能源，即地球自身蕴藏的能量，主要指地热能资源、原子能燃料，包括地震、火山喷发和温泉等。

（3）第三类能源，即地球和其他天体引力相互作用而形成的，主要指太阳和月亮对地球引力导致的潮汐蕴涵的机械能。

2. 从燃烧性质方面可分为两类

（1）燃料能源，如矿物燃料、生物燃料、化工燃料、核燃料。

（2）非燃料能源，如水能、风能、地热能、光能。

3. 按对环境影响情况可分为两类

（1）清洁能源，如太阳能、水能、氢能。

（2）非清洁能源，如煤炭、油页岩、石油。

4. 按能源转换过程分两类

（1）一次能源，存在于自然界中、没有经过人工加工或转换的能源被称作一次能源。如，煤炭、石油、天然气、太阳能、风能、水能、生物质能、地热能等。一次能源可按其来源的不同划分为来自地球以外的、地球内部的、地球与其他天体相互作用的三类。由太阳辐射引起气象变化形成的水能、风能、洋流能、波浪能和海洋深层与表层的温差能等，由植物通过光合作用吸收并蓄积太阳能而形成的生物质能都是一次能源。来自地球内部的一次能源主要是地热和原子核能。来自地球与其他天体相互作用的一次能源主要是潮汐能。

（2）二次能源，由一次能源加工转换后的能源称为二次能源。如，电力、汽油、柴油、酒精、煤制气、蒸汽和压缩空气等。电力是我们生活中最常用的能源之一，它是由不同类型的能源经人工转化而来，如，化石燃料（煤、天然气、石油）、太阳能、水能、风能、核能、地热能、生物质能等都能通过不同类型的发电站被转化为电能。

一次能源和二次能源又可进一步划分如下（表 10-1）。

① 可再生能源和不可再生能源。人们对一次能源又进一步加以分类。凡是可以不断得到补充或能在较短周期内再产生的能源称为可再生能源，反之称为不可再生

能源。风能、水能、海洋能、潮汐能、太阳能和生物质能等是可再生能源；煤、石油和天然气等是不可再生能源。地热能基本上是不可再生能源，但从地球内部巨大的蕴藏量来看，又具有再生的性质。传统的核裂变技术因铀 235 的裂变反应只能进行一级，铀资源的利用率仅 1%，故传统核裂变技术下核能被划分为不可再生能源；快中子反应堆（当前唯一能实现核燃料增值的先进堆型）技术一旦实现，意味着铀 235 的裂变反应可以按链式反应的方式不断进行下去，天然铀资源的利用率可提高到 60%～70%，核废料污染问题也会改善；核聚变的能比核裂变的能可高出 5～10 倍，核聚变最合适的燃料重氢（氘）又大量地存在于海水中，可谓“取之不尽，用之不竭”。因此未来增值裂变和核聚变的核能就可划分为可再生能源，它们无疑是未来能源系统的支柱之一。

表 10-1　按相对比较的方式分类

<table>
<tr><th colspan="3"></th><th>可再生能源</th><th>不可再生能源</th></tr>
<tr><td rowspan="2">一次能源</td><td rowspan="2">常规能源</td><td>商品能源</td><td>水力（大型）
核能（增值堆核裂变燃料）
地热</td><td>化石燃料（煤、石油、天然气等）
核能</td></tr>
<tr><td>传统能源（非商品能源）</td><td>生物质能（薪材秸秆、粪便等）
太阳能（自然干燥等）
水力（水车等）
风力（风车、风帆等）
畜力</td><td></td></tr>
<tr><td rowspan="2">二次能源</td><td rowspan="2">非常规能源</td><td>新能源</td><td>生物质能（作物制沼气、酒精）
太阳能（收集器、光电池）
水力（小水电）
风力（风力机等）
海洋能
地热
核能（核聚变燃料）</td><td></td></tr>
<tr><td></td><td>电力、焦炭、沼气、汽油、柴油、煤油、重油等油制品，酒精、化工产品，蒸汽、热水、氧气、压缩空气、氢能等</td><td>煤田气
可燃冰</td></tr>
</table>

② 常规能源和新能源。常规能源是指当前被广泛利用的一次能源，如世界大量消耗的石油、天然气、煤和核能等。新能源是相对于常规能源而言目前尚未被广泛利用，而正在积极研究以便推广利用的一次能源，泛指太阳能、风能、地热能、海洋能、潮汐能和生物质能等。由于新能源的能量密度较小，或品位较低，或有间歇性，按已有的技术条件转换利用的经济性尚差，还处于研究、发展阶段，只能因地

制宜地开发和利用，但新能源大多数是可再生能源，资源丰富，分布广阔，是未来的主要能源之一。

③ 商品能源和传统能源。凡进入能源市场作为商品销售的如煤、石油、天然气和电等均为商品能源。国际上的统计数字均限于商品能源。非商品能源主要指薪柴农作物残余（秸秆等）、风力、水力、畜力等。1975 年，世界上的非商品能源约为 0.6 太瓦年，相当于 6 亿 t 标准煤。据估计，中国 1979 年的非商品能源约合 2.9 亿 t 标准煤。

5．按能源服务过程分类

可分为一次能源、二次能源、终端使用能源和有用能源，如图 10-1 所示。

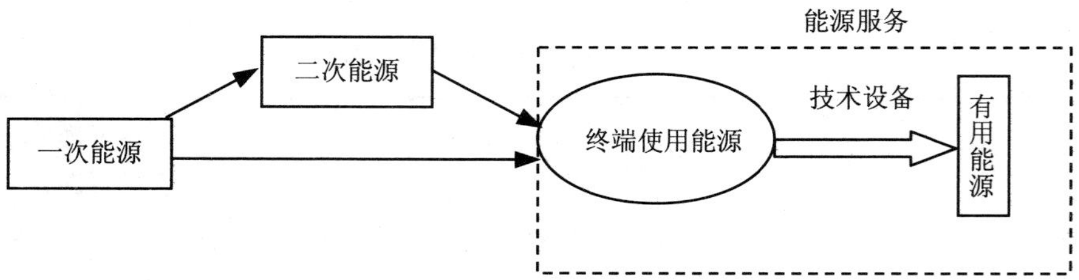

图 10-1 按能源服务过程的分类

由此便引入了一个非常重要概念：能源服务。可以这样理解我们消耗能源的目的是为了取得一种服务，如对一个物体进行加热或制冷，将一个房间照亮，或把某物体从一个地方移到另一个地方等。这些能源服务都需要通过技术设备对终端使用能源的转换来得到。

另外提出有用能源这一概念可以使我们的技术设备在设计上更加精确，尽量减少不必要的消耗。

我们目前的能源效率受传统能源生产利用形态的影响（必须大规模利用资源），终端使用能源利用效率已很难再提高。如长距离特高压输送能源的大电网、大热网，中间损失自然会增加。以火力发电厂为例，在从一次能源煤转换为二次能源电力的过程中，转化效率仅达 35%左右（还不包括长距离输送的损失），另外集中排放二氧化硫造成酸雨问题，大量排放温室气体导致全球变暖。极端气候变化频发又进一步加大了能源的消耗，整个能源系统和生态系统同时陷入恶性循环。

三、能源服务

能源服务主要被划分为三大类：移动力、热力、电力。

（1）移动力主要是交通运输，它的特点是在户外的运动中消耗能源，如公路、铁路、水路、航空。燃料与技术的选择是节能的关键，如汽车在制造完成之后再节能要比汽车设计制造过程中引入节能措施困难得多。

（2）热力大多都是在静止的系统中消费，如炉灶、锅炉等，并且消费大都发生在建筑物内。可产生热力的燃料选择比产生移动力的燃料更广，所有能源都可产生热力。

（3）电力则是整个能源消费系统的核心。电力的消费都必须通过电器和电子设备，其中电动机一项就占了很大的比例。电力的生产与消费系统性很强，需要网络运输，因不可大量储存而需要在生产和消费实现实时平衡；电力系统调度鼓励消耗低谷电力，并不符合节约型社会的要求。

针对上述三大能源服务的不同特性应该有不同的节能战略和政策，提高能源综合利用效率。由能源服务衍生出来的另一个重要概念是有用能源，它指的是所提供能源服务中真正用于满足需求目的的这部分能源。如：一个鸡蛋煮熟需要的热能，1 t重的物体从一个地方移动到另一个地方需要的动力，一张书桌被照亮到某一程度的光能。有用能源概念对于节能很有意义，如果用一大锅沸水去煮熟一个鸡蛋，这里的大部分能源消耗是没有必要的；同样运送 50 kg 的货物从甲地送到乙地，显然并不需要用一辆大型货柜车。

所以说节能应围绕能源生产和能源服务，来提高能源效率和技术设备效率。能源的消耗是一个经济社会活动，更是一个物理现象，要遵守热力学定律。能源的消耗是一个同时受经济学和物理学约束的人类活动。节能工作首先要明白什么是能源，充分了解能源的特殊性，把握物理学对任一能源消耗活动所允许的节能范围，还要了解经济学中影响能耗的各种因素。

第三节 节能的物理学依据

一、热力学第一定律

外界对系统传递的热量，一部分使系统的内能增加，另一部分用于系统对外所作的功。

二、热力学的第二定律

- 热量不能自动由低温源传向高温源。
- 不可能制成一种循环动作的热机，只从一个热源吸取热量，使之完全变为有用的功，而其他物体不发生任何变化。

➢ 孤立系统中内部发生的过程总是由几率小的状态（有序）向几率大的状态（无序）进行——熵增原理。

热力学第一定律规定了能量转换的数量关系，能可从一种形式转换为另一种形式，但其总量既不能增加也不能减少，既不会无中生有，也不会自行消灭，即能量必须守恒；热力学第二定律却说明并非所有能量守恒的过程均能实现，它是反映自然界过程进行的方向和条件的规律。

针对热力学第二定律的最著名的异议是英国物理学家麦克斯韦提出的。1867 年麦克斯韦在他的《热能理论》一书中作了如下设想：在一个孤立绝缘恒温的容器里，用一个膜片把容器分成两个部分，在膜片上安装一个阀门，且放置一个能够见到单个分子的极小的生命体。这个精灵能够打开和关闭在膜片上的阀门，可以有选择地让速度快的分子进入一边，而让慢分子进入另一边。其结果是快分子的一边温度增加，而慢分子的一边温度降低。这样，在没有外力的作用下，依靠具有灵敏观察力的小精灵使一个本来不能做功的系统做功，使该系统的熵值减少而不是增加。麦克斯韦的结论是，小精灵主要靠获取分子速度的信息运作阀门，而信息不遵守热力学定律，所以热力学定律在这种情况下无效。几代物理学家都试着证明麦克斯韦的设想是不能实现的，但却没有成功。他们干脆把这一设想叫做“麦克斯韦妖”，一直到 1951 年，法国物理学家布里渊（Leon Brillouin）将信息论与统计物理联系起来考虑，通过信息的负熵原理解答了这一难题。然而，他的信息等于负熵的理论却导致了后人将信息与能源混为一谈，忽略了信息的特殊性。

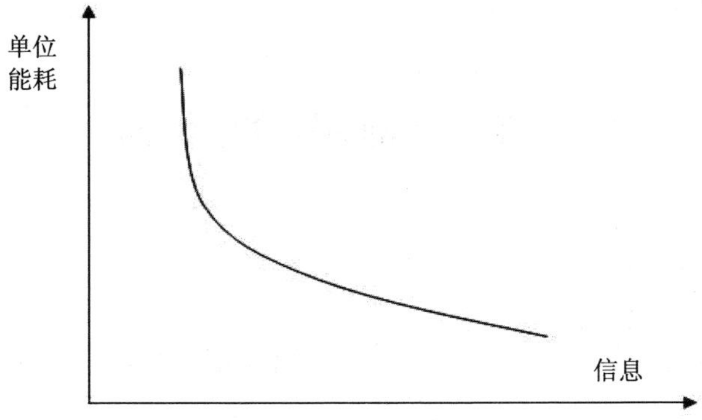

图 10-2 信息与能量在工业自动化过程中的替代关系

实际上，“麦克斯韦妖”的讨论为我们的节能工作开启了一道智慧之门。信息与实物交换本质的区别在于，实物交换减少给予方的拥有，而信息不同，可以使得双方共同拥有。所以我们可以得出以下结论：信息不属于物质世界，不遵守热力学定律。在房间里安装温控设备可以降低取暖能耗。信息与技术含量高的机器设备能耗低，效率高。工业生产流程从手工操作到机械化，半自动化再到自动化是一个不断增加信息的采集和处理的过程。在这一过程中，随着信息量的增加，产品的单位能耗会不断降低。节能的物理学基础就是在热力学定律允许的情况下，让有效的信息互动减缓“熵增”的趋势，从而以信息替代能源。

第四节　节能的经济学依据

我们运用经济学原理绘出一个最基本的价值创造过程——单元生产过程(图 10-3)。

在这个过程中，我们创造了价值，同时也产生了废弃物。废弃物的一部分可能在其他生产过程里被再循环，剩余的部分被排入环境而导致环境污染。

（1）为了降低自然资源和能源的消耗，并且使环境污染减到最小，我们需要增加信息的输入。价值创造过程可以通过提高能源的投入和信息的投入来取得。因为价值本身是非物质单位，所以可以通过提高非物质性的投入，即信息的投入，来增加价值。用无限的信息资源来替代有限的能源资源，也正是“从粗放型高耗能发展向集约型低耗能方向转变，用信息化带动工业化，走新型工业化道路”的理论基础。

（2）信息可以被分为两大类：

结构型信息：知识、技能、操作程序、组织结构、体制和标准法规等，均是人们行为规范化的信息。

流动型信息：通过语言、教育、传媒等方式传播的信息。

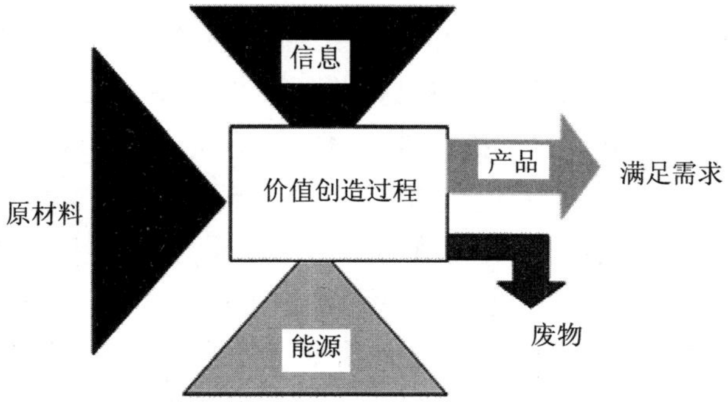

图 10-3　基本单元生产活动

第五节 单位 GDP 能耗的降低

单位 GDP 能耗指一个国家当年消耗的所有能源除以该年的 GDP 总量。

在评估中国 GDP 能耗时，汇率、能源结构、经济重型化以及城市化进程都应该被考虑在内，从而还中国能耗问题一个真实的面貌。新技术、新材料和新能源的应用对于节能的贡献将是一个较为长期的过程。

降低单位 GDP 能耗有三种途径：

（1）结构节能：通过产业结构调整降低高能耗低附加值产业在国民经济中所占比例。

（2）技术节能：通过技术途径降低各产业部门的能源消耗。

（3）降低活动节能：如降低家庭消费，降低客运量，降低制造业产值等。

注意：过分依靠产业结构调整来降低单位 GDP 能耗是不现实的。一个国家的产业结构是全球劳动分工的结果；另外，产业结构调整需要漫长的时间，很难在短期内取得效果。但是转变消费模式是我们每一个人都可以力所能及的事情，是中国本身可以办到的。当中国的经济增长方式正在从出口驱动型向内需拉动型转变时，引导节能型的消费方式对我国的节能尤为重要。

第六节 节能减排中国在行动

近年来，我国为深入打好污染防治攻坚战，建立健全环境治理体系，推进精准、科学、依法、系统治污，协同推进减污降碳，不断改善空气、水环境质量，有效管控土壤污染风险。在积极应对气候变化这一阶段，贯彻落实 2030 年应对气候变化国家自主贡献目标，制定 2030 年前碳排放达峰行动方案。完善政策、完善能源消费总量和强度双控制度，重点控制化石能源消费。实施以碳强度控制为主、碳排放总量控制为辅的制度，支持有条件的地方和重点行业、重点企业率先达到碳排放峰值。

推动能源清洁低碳安全高效利用，深入推进工业、建筑、交通等领域低碳转型。加大甲烷、氢氟碳化物、全氟化碳等其他温室气体控制力度。提升生态系统碳汇能力。采取更加有力的政策和措施，努力争取 2060 年前实现碳中和。

加强全球气候变暖对我国承受力脆弱地区影响的观测和评估，提升城乡建设、农业生产、基础设施适应气候变化能力。加强青藏高原综合科学考察研究。坚持公平、共同但有区别的责任及各自能力原则，建设性参与和引领应对气候变化国际合作，推动落实《联合国气候变化框架公约》及《巴黎协定》，积极开展气候变化南南合作。

新建、扩建“两高”项目应采用先进适用的工艺技术和装备，单位产品物耗、能耗、水耗等达到清洁生产先进水平，依法制定并严格落实防治土壤与地下水污染的措施。

国家或地方已出台超低排放要求的“两高”行业建设项目应满足超低排放要求。鼓励使用清洁燃料，重点区域建设项目原则上不新建燃煤自备锅炉。鼓励重点区域高炉-转炉长流程钢铁企业转型为电炉短流程企业。大宗物料优先采用铁路、管道或水路运输，短途接驳优先使用新能源车辆运输。

各级生态环境部门和行政审批部门应积极推进“两高”项目环评开展试点工作，衔接落实有关区域和行业碳达峰行动方案、清洁能源替代、清洁运输、煤炭消费总量控制等政策要求。在环评工作中，统筹开展污染物和碳排放的源项识别、源强核算、减污降碳措施可行性论证及方案比选，提出协同控制最优方案。鼓励有条件的地区、企业探索实施减污降碳协同治理和碳捕集、封存、综合利用工程试点、示范。

2022 年 6 月，交通运输部等四部门发布《贯彻落实〈中共中央国务院关于完整准确全面贯彻新发展理念做好碳达峰碳中和工作的意见〉的实施意见》，提出优化交通运输结构，提高铁路水路在综合运输中的承运比重，通过发展多式联运、加快调整优化运输结构等举措是实现碳达峰、碳中和的关键。

第七节　新能源开发

节能减排工作不仅是“节流”，还要考虑到“开源”。能源的开发和有效利用程度以及人均消费量是生产技术和生活水平的重要标志。

1998 年 1 月 1 日实施的《中华人民共和国节约能源法》明确提出“国家鼓励开发利用新能源和可再生能源”。

2006 年 1 月 1 日实施的《中华人民共和国可再生能源法》提出“国家将可再生能源的开发利用列为能源发展的优先领域”。

一、新能源概念

新能源是相对常规能源而言，以采用新技术和新材料而获得或在新技术基础上系统开发利用的能源。

所谓“新能源”，确实包含着狭义化和广义化的两个层面的定义。“新”不仅区别于工业化时代的以化石燃料为主的能源利用形态，而且区别于旧式的只强调转换端效率，不注重能源需求的综合利用效率；只强调企业自身经济效益，不注重资源、环境代价的旧的传统能源利用思维模式。

目前，国际能源技术发展的一个重点是分布式能源供应系统。它不再追求规模效益，而是更加注重资源的合理配置，追求能源利用效率最大化和效能的最优化，充分利用各种资源，就近供电供热，将中间输送损耗降至最低。

国际能源署发布的《2023 年可再生能源》年度市场报告显示，2023 年全球可再生能源新增装机容量比 2022 年增长 50%，装机容量增长速度比过去 30 年的任何时候都要快。报告预测，未来 5 年全球可再生能源装机容量将迎来快速增长期，但仍需解决新兴和发展中经济体的融资等关键问题。《联合国气候变化框架公约》第二十八次缔约方大会（COP28）闭幕以来，国际能源署首次对全球可再生能源发展趋势进行全面评估。报告显示，2023 年全球可再生能源新增装机容量达 510 GW。国际能源署预测，在现有政策和市场条件下，预计全球可再生能源装机容量在 2023 年至 2028 年间将达到 7 300 GW。到 2025 年初，可再生能源将成为全球最主要的电力来源。报告预测，未来 5 年风能和太阳能发电将占新增可再生能源发电量的 95%。到 2024 年，风能和太阳能发电总量将超过水力发电；风能和太阳能发电将分别在 2025 年和 2026 年超过核电。到 2028 年风能和太阳能发电的份额将翻一番，合计达到 25%。2023 年生物燃料在航空领域逐步推广，并开始替代更多高污染燃料。以巴西为例，2023 年生物燃料产能增速比过去 5 年平均水平快 30%。

据有关资料显示，近年来我国可再生能源的利用正以年均超过 25%的速度在增长。2022 年末全国发电装机容量 256 405 万 kW，比上年末增长 7.8%。其中，火电装机容量 133 239 万 kW，增长 2.7%；水电装机容量 41 350 万 kW，增长 5.8%；核电装机容量 5 553 万 kW，增长 4.3%；并网风电装机容量 36 544 万千瓦，增长 11.2%；并网太阳能发电装机容量 39 261 万 kW，增长 28.1%。全年水电、核电、风电、太阳能发电等清洁能源发电量 29 599 亿 kW·h，比上年增长 8.5%。

二、新能源的未来

未来能源系统构成（核能成本、技术问题解决后），见图 10-4。

三、新能源技术的发展

1. 可再生的新能源

根据国家发展改革委、国家能源局、财政部、自然资源部、生态环境部、住房和城乡建设部、农业农村部、中国气象局、国家林业和草原局关于印发《“十四五”可再生能源发展规划》的通知，截至 2020 年底，我国可再生能源发电装机达到 9.34 亿 kW，占发电总装机的 42.5%，风电、光伏发电、水电、生物质发电装机分别达到 2.8 亿 kW、2.5 亿 kW、3.4 亿 kW、0.3 亿 kW，连续多年稳居世界第一。2020 年我国可再生能源利用总量达 6.8 亿 t 标准煤，占一次能源消费总量的 13.6%。其中，可再生能源发电量 2.2 万亿 kW·h，占全部发电量的 29.1%，主要流域水电、风电、光伏发电利用率分别达到 97%、97%、98%；可再生能源非电利用量约 5 000 万 t 标准煤。以“沙戈荒”地区为重点的大型风电光伏基地总规模达到 4.55 亿 kW，相当于 20 座三峡水电站的装机容量。

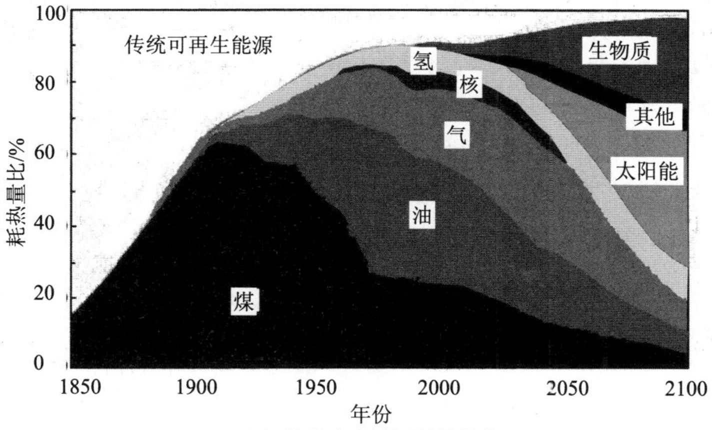

（a）核能未广泛运用的构成

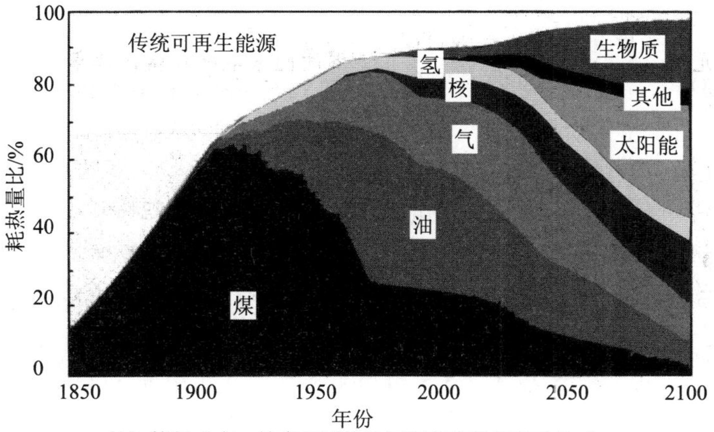

（b）核能成本、技术问题解决后得到广泛运用的构成

图 10-4　未来能源系统构成

（1）太阳能。太阳能一般指太阳光的辐射能量。在太阳内部进行的由“氢”聚变成“氦”的原子核反应，不停地释放出巨大的能量，并不断向宇宙空间辐射能量，这种能量就是太阳能。太阳内部的这种核聚变反应，可以维持几十亿至上百亿年的时间。太阳向宇宙空间发射的辐射功率为 3.8×10^{23} kW 的辐射值，其中 20 亿分之一到达地球大气层。到达地球大气层的太阳能，30%被大气层反射，23%被大气层吸收，其余的到达地球表面，其功率为 800 000 亿 kW，也就是说，太阳每秒钟照射到地球上的能量就相当于燃烧 500 万 t 煤释放的热量，平均每年输入地球的能量约 190 万亿 t 标准煤。广义上的太阳能是地球上许多能量的来源，如风能、化学能、水的势能等。狭义的太阳能则限于太阳辐射能的光热、光电和光化学的直接转换。

太阳能的利用有光化学反应，被动式利用（光热转换）和光电转换等方式。太阳能既是一次能源，又是可再生能源。

① 太阳能聚热发电：该系统通常由两部分组成：收集太阳能并转变成热能，转换热能成电能。由于利用大规模阵列抛物或碟形镜面收集太阳热能，通过换热装置提供蒸汽，结合传统汽轮发电机的工艺，这种形式的太阳能利用还有一个其他形式的太阳能转换所无法比拟的优势，即太阳能所烧热的水可以储存在巨大的容器中，在太阳落山后几个小时仍然能够带动汽轮发电。

② 太阳能光伏发电：光伏板组件是一种暴露在阳光下便会产生直流电的发电装置，由几乎全部以半导体物料（例如单晶硅、多晶硅、非晶硅、砷化镓、硒铟铜等）制成的薄身固体光伏电池组成。当光线照射太阳能电池表面时，一部分光子被硅材料吸收；光子的能量传递给了硅原子，使电子发生了跃迁，成为自由电子在 P-N 结两侧集聚形成了电位差，当外部接通电路时，在该电压的作用下，将会有电流流过外部电路产生一定的输出功率。这个过程的实质是：光子能量转换成电能的过程。

（2）风能。地球表面大量空气流动所产生的动能。由于地面各处受太阳辐照后气温变化不同和空气中水蒸气的含量不同，因而引起各地气压的差异，在水平方向高压空气向低压地区流动，即形成风。风能资源决定于风能密度和可利用的风能年累积小时数。根据《世界能源统计年鉴 2023》数据显示，全球风力发电量总计为 21 048 亿 kW，中国大陆风力发电量为 7 627 亿 kW。中国东南沿海及附近岛屿的风能密度可达 300 W/m^2 以上，3～20 m/s 风速年累计超过 6 000 h。内陆风能资源最好的区域，沿内蒙古至新疆一带，风能密度也在 200～300 W/m^2，3～20 m/s 风速年累计 5 000～6 000 h。这些地区适于发展风力发电和风力提水。新疆达坂城风力发电站 1992 年已装机 5 500 kW，是中国最大的风力电站。

截至 2022 年底，世界风力发电总量居前 3 位的分别是中国、美国和德国，三国的风力发电总量占全球风力发电总量的 63.8%。

（3）生物质能。生物质是地球上最广泛存在的物质，它包括所有动物、植物和微生物，以及由这些有生命物质派生、排泄和代谢的许多有机质。各种生物质都具有一定的能量。以生物质为载体、由生物质产生的能量，便是生物质能。

生物质能是太阳能以化学能形式贮存在生物中的一种能量形式。它直接或间接来源于植物的光合作用。地球上的植物进行光合作用所消费的能量，占太阳照射到地球总辐射量的 0.2%。这个比例虽不大，但绝对值很惊人：光合作用消费的能量是目前人类能源消费总量的 40 倍。可见，生物质能是一个巨大的能源。

人类以柴薪为能源，历史长达百万年。作为可直接利用的燃料，柴薪利用贯穿着整个人类的文明发展史。除柴薪的直接燃烧外，生物质能的转化利用技术还有沼气生产、酒精制取、木制石油、生物质能发电等。

① 生物质能的来源：

柴薪、农作物秸秆、禽畜粪便、城市垃圾、非粮食作物、水生植物等。

牲畜粪便：牲畜的粪便，经干燥可直接燃烧供应热能。若将粪便经过厌氧处理，可产生甲烷和肥料。

制糖作物：制糖作物可直接发酵，转变为乙醇。

城市垃圾：主要成分包括纸屑（占 40%）、纺织废料（占 20%）和废弃食物（占 20%）等。将城市垃圾直接燃烧可产生热能，或是经过热分解处理制成燃料使用。

水生植物：同柴薪一样，水生植物也可以转化成燃料。

② 生物质能的转化利用。沼气利用、生物质汽化、生物质液化、生物质热分解。

生物质能的开发和利用具有巨大的潜力，主要包括两方面：一是建立以沼气为中心的农村新能量、物质循环系统，使秸秆中的生物能以沼气的形式缓慢地释放出来，解决燃料问题；二是建立能量农场、能量林场及海洋能量农场。

沼气利用技术：1776 年，意大利科学家沃尔塔发现沼泽地里腐烂的生物质发酵，从水底冒出一连串的气泡，分析其主要成分为甲烷和二氧化碳等气体。由于这种气体产生于沼泽地，故俗称“沼气”。1781 年，法国科学家穆拉发明人工沼气发生器。200 多年过去了，如今全世界约有农村家用沼气池 530 万个，中国就占了 92%。农村沼气池的主要填料是猪粪、秸秆、污泥和水等。20 世纪 90 年代以来，世界范围内的一些大型沼气工程有了迅速发展。

生物质汽化：将固体生物质转化为气体燃料，称为生物质汽化。其基本原理是含碳物质在不充分氧化（燃烧）的情况下，会产生出可燃的一氧化碳气体，即煤气。制造煤气的设备称为汽化炉，人们故意不给足氧气，让含碳物质在没有足够的空气的情况下燃烧，“焖”出一氧化碳来。

生物质液化：将固体生物质转化为液体燃料，称为生物质液化。它包括间接液化和直接液化两种。间接液化是指通过微生物作用或化学合成方法生成液体燃料，如乙醇（酒精）、甲醇；直接液化则是采用机械方法，用压榨或提取等工艺获得可燃烧的油品，如棉籽油等植物油，经提炼成为可替代柴油的燃料（生物柴油）。

生物质热分解：这是一项很有潜力的技术，用于制取人造石油。一些生物质通过热分解，可制取生物油、生物炭和可燃烧气体，使生物质得到充分利用。

专家预测，到 2050 年，以生物质能为重要组成部分的可再生能源，将以相同或低于矿物燃料的价格，提供全球 3/5 的电力和 2/5 的直接燃料。

（4）地热能。地热发电是地热利用的最重要方式。高温地热流体应首先应用于发电。地热发电和火力发电的原理是一样的，都是利用蒸汽的热能在汽轮机中转变为机械能，然后带动发电机发电。所不同的是，地热发电不像火力发电那样要备有庞大的锅炉，也不需要消耗燃料，它所用的能源就是地热能。地热发电的过程，就是把地下热能首先转变为机械能，然后再把机械能转变为电能的过程。要利用地下热能，首先需要有“载热体”把地下的热能带到地面上来。目前能够被地热电站利用的载热体，主要是地下的天然蒸汽和热水。按照载热体类型、温度、压力和其他特性的不同，可把地热发电的方式划分为蒸汽型地热发电和热水型地热发电两大类。

将地热能直接用于采暖、供热和供热水是仅次于地热发电的地热利用方式。因为这种利用方式简单、经济性好，备受各国重视，特别是位于高寒地区的西方国家，其中冰岛开发利用得最好。

（5）海洋能。海洋能指依附在海水中的可再生能源，海洋通过各种物理过程接收、储存和散发能量，这些能量以潮汐、波浪、温度差、盐度梯度、海流等形式存在于海洋之中。

① 潮汐能。因月球引力的变化引起潮汐现象，潮汐导致海水平面周期性地升降，因海水涨落及潮水流动所产生的能量称为潮汐能。

潮汐能的主要利用方式为发电，目前世界上最大的潮汐电站是法国的朗斯潮汐电站。

资料显示，我国从 20 世纪 80 年代开始，在沿海各地区陆续兴建了一批中小型潮汐发电站并投入运行发电。其中最大的潮汐电站是 1980 年 5 月建成的浙江省温岭市江厦潮汐试验电站，它也是世界已建成的较大双向潮汐电站之一。总库容 490 万 m^3，发电有效库容 270 万 m^3。这里的最大潮差 8.39 m，平均潮差 5.08 m；电站功率 3 200 kW。据了解，江厦电站每昼夜可发电 14～15 h，比单向潮汐电站增加发电量 30%～40%。江厦电站每年可为温岭、黄岩电力网提供 1 000 万 kW·h 的电能。

② 波浪能，是指海洋表面波浪所具有的动能和势能，是一种在风的作用下产生的，并以位能和动能的形式由短周期波储存的机械能。波浪发电是波浪能利用的主要方式，此外，波浪能还可以用于抽水、供热、海水淡化以及制氢等。

③ 海水温差能，是指涵养表层海水和深层海水之间水温差的热能，是海洋能的

一种重要形式。低纬度的海面水温较高，与深层冷水存在温度差，而储存着温差热能，其能量与温差的大小和水量成正比。

温差能的主要利用方式为发电，1930 年，法国物理学家克劳德在古巴海滨建造了世界上第一座海水温差发电站，获得了 10 kW 的功率。

④ 盐差能，是指海水和淡水之间或两种含盐浓度不同的海水之间的化学电位差能，是以化学能形态出现的海洋能。主要存在于河海交接处。同时，淡水丰富地区的盐湖和地下盐矿也可以利用盐差能。盐差能是海洋能中能量密度最大的一种可再生能源。目前对盐差能这种新能源的研究还处于实验室实验水平，离示范应用还有较长的距离。

⑤ 海流能，是指海水流动产生的动能，主要是指海底水道和海峡中较为稳定的流动以及由于潮汐导致的有规律的海水流动所产生的能量，是另一种以动能形态出现的海洋能。海流能的利用方式主要是发电，其原理和风力发电相似。

（6）氢能。氢是自然界存在最普遍的元素，构成了宇宙质量的 75%。据推算，如把海水中的氢全部提取出来，产生的总热量比地球上所有化石燃料放出的热量还大 9 000 倍。氢的发热值为 142 351 kJ/kg，是汽油发热值的 3 倍。燃烧清洁，生成水和少量氮化氢。

氢能利用形式多，可通过燃烧产生热能，也可作为燃料电池发电。“燃料电池”技术，是分布式能源未来最主要的技术方向之一。

燃料电池是以氢气为燃料，以空气中的氧气为氧化剂，通过电化学反应发电的装置，所产生的唯一副产品是干净的水，被誉为是目前人类所能找到的唯一可以实现“零排放”的车载动力源。燃料电池发出的电不仅可以驱动观光车快速行驶，而且富余的电还可以为蓄电池充电。

同时因氢在地球上的储量丰富且可以通过多种方式制取，使用燃料电池可以节省大量的不可再生能源石油，因此，随着燃料电池的推广与应用，人类将逐渐远离汽车尾气污染，减少温室气体排放，人类的生存环境将得到切实的改善，同时氢气也将被赋予新的历史使命，成为替代石油的洁净新能源。

图 10-5 为分布式能源系统——未来能源供应方式。城市供应氢气，终端能源使用设备为各建筑内的氢燃料电池，它既可提供建筑所需电力，也可提供热能（热电联供）。能源利用率可达 75%，是火力发电的 2 倍多。

（7）核能（聚变）。一种高效清洁的新能源——“人造小太阳”，核原料可来自海水中提炼的氢的同位素氘和氚，可谓取之不尽、用之不竭，而且反应之前之后没有辐射性污染问题。

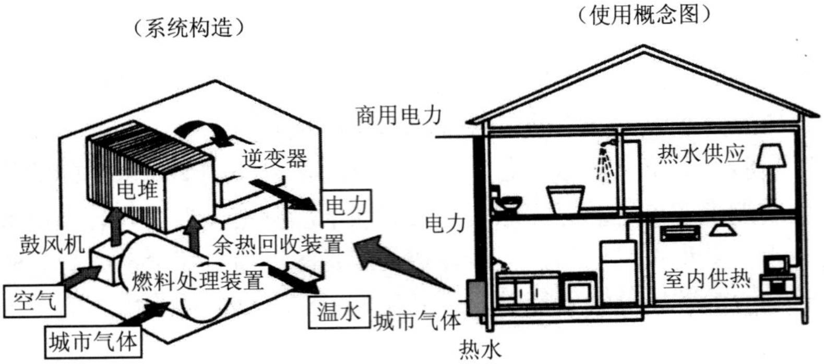

图 10-5　家用燃料发电系统

图 10-6　我国自主研制中的核聚变反应装置

2．不可再生的新能源

（1）可燃冰。由天然气与水在高压低温条件下结晶形成的固态笼状化合物，这种白色固态结晶物质外观像冰，其分子结构式为：$CH_4·H_2O$。从化学结构来看，天然气水合物是这样构成的：由若干个水分子搭成像笼子一样的多面体格架，以甲烷为主的气体分子被包含在笼子格架中。不同的温压条件，具有不同的多面体格架。估计陆地上 20.7%和大洋底 90%的地区，具有形成天然气水合物的有利条件（主要存在于海底或陆地冻土带内）。绝大部分的天然气水合物分布在海洋里，其资源量是陆地上的 100 倍以上。1 m^3 天然气水合物可以释放出 164 m^3 的天然气。它将是 2040 年后石油的替代燃料。

在 2000 年就有报道称，我国南海、东海等海域发现大量可燃冰资源，初步估算其资源量相当于我国陆地石油天然气资源的一半。2006 年 6 月，我国在南海北部成功钻获了可燃冰。

有学者认为，在导致全球气候变暖方面，甲烷所起的作用比二氧化碳要大 10～20 倍。可燃冰矿藏哪怕受到最小的破坏，甚至是自然的破坏，都足以导致甲烷气的大量散失。而这种气体进入大气，无疑会增加温室效应，进而使地球升温更快。此外，由于可燃冰经常作为沉积物的胶结物存在，它对沉积物的强度起着关键的作用。可燃冰的形成和分解能够影响沉积物的强度，进而诱发海底滑坡等地质灾害的发生。

由此可见，可燃冰的开发利用就像一柄“双刃剑”，需要小心对待。

（2）煤田气。煤在形成过程中由于温度及压力增加，要释放出可燃性气体（俗称瓦斯气）。从泥炭到褐煤，每吨煤产生 130 m^3 气；从泥炭到无烟煤，每吨煤产生 400 m^3 气。科学家估计，地球上煤成气可达 2 000 万亿 m^3。

第八节　节能减排呼唤低碳经济

一、何谓低碳经济

所谓低碳经济，是指在可持续发展理念指导下，通过技术创新、制度创新、产业转型、新能源开发等多种手段，尽可能地减少煤炭、石油等高碳能源消耗，减少温室气体排放，达到经济社会发展与生态环境保护双赢的一种经济发展形态。

发展低碳经济，一方面是积极承担环境保护责任，完成国家节能降耗指标的要求；另一方面是调整经济结构，提高能源利用效率，发展新兴工业，建设生态文明。这是摒弃以往先污染后治理、先低端后高端、先粗放后集约的发展模式的现实途径，是实现经济发展与资源环境保护双赢的必然选择。

低碳经济包括两个部分，一个是低碳生产，另一个是低碳消费，就是要建立资源节约型、环境友好型社会，建设一个良性的可持续的能源生态体系。低碳经济可以通过提高能源效率、节约能源、发展和利用可再生能源、减少煤炭的使用、增加天然气的使用，以及发展和使用氢能等新能源来实现，还要通过大力推广可持续的生活方式来实现。

二、低碳经济提出的背景

低碳经济最早见诸于政府文件是在 2003 年的英国能源白皮书《我们能源的未来：创建低碳经济》。系统地谈论低碳经济，还应追溯至 1992 年的《联合国气候变化框架公约》和 1997 年的《京都议定书》。

低碳经济提出的大背景，是人类社会伴随着生物质能、风能、太阳能、水能、地热能、化石能、核能等的开发和利用，逐步从原始社会的农业文明走向现代化的工业文明。然而随着全球人口数量的上升和经济规模的不断增长，化石能源等常规能源的使用造成的环境问题及后果不断地为人们所认识，随着废气污染、光化学烟雾、水污染和酸雨等的危害，以及大气中二氧化碳浓度升高将带来的全球气候变化，已被确认为人类破坏自然环境、不健康的生产生活方式和常规能源的利用所带来的严重后果。在此背景下，“碳足迹”“低碳经济”“低碳技术”“低碳发展”“低碳生活方式”“低碳社会”“低碳城市”“低碳世界”等一系列新概念、新政策应运而生。而能源与经济以至价值观实行大变革的结果，可能将为逐步迈向生态文明走出一条新路，即摒弃20世纪及以前的传统增长模式，直接应用新世纪的创新技术与创新机制，通过低碳经济模式与生活方式，实现社会可持续发展。

在全球气候变暖的背景下，以低能耗、低污染为基础的“低碳经济”已成为全球热点。欧美发达国家大力推进以高能效、低排放为核心的“低碳革命”，着力发展“低碳技术”，并对产业、能源、技术、贸易等政策进行重大调整，以抢占先机和产业制高点。低碳经济的争夺战，已在全球悄然打响。

2007年12月26日，国务院新闻办发表《中国的能源状况与政策》白皮书，着重提出能源多元化发展，并将可再生能源发展正式列为国家能源发展战略的重要组成部分，不再提以煤炭为主。

2009年12月7—8日在丹麦首都哥本哈根召开《联合国气候变化框架公约》缔约方第15次会议。中国在哥本哈根会议上，宣布到2020年中国单位国内生产总值二氧化碳排放比2005年下降40%～45%，并将其作为约束性指标纳入国民经济和社会发展中长期规划。

三、实现低碳经济重要途径

低碳经济的理想形态是充分发展太阳能、风能、氢能、生物质能。但现阶段太阳能发电的成本是煤电、水电的5～10倍；一些地区风能发电价格高于煤电、水电；氢能、风能、太阳能等清洁能源目前离商业化目标还较远；以大量消耗粮食和油料作物为代价的生物燃料开发，一定程度上引发了粮食、肉类、食用油价格的上涨。从世界范围看，预计到2030年太阳能发电也只达到世界电力供应的10%，而全球已探明的石油、天然气和煤炭储量将分别在今后40年、60年和100年耗尽。因此，人类已经面临“碳燃料文明时代”向“太阳能文明时代”过渡。

“戒除嗜好面向低碳经济”的环境日主题提示人们，低碳经济不仅意味着制造业要加快淘汰高能耗、高污染的落后生产能力，推进节能减排的科技创新，而且意味着引导公众反思哪些习以为常的消费模式和生活方式是浪费能源、增排污染的不良嗜好，从而充分发掘服务业和消费生活领域节能减排的巨大潜力。

转向低碳经济、低碳生活方式的重要途径之一，是戒除以高耗能源为代价的便利消费、一次性用品的消费嗜好。不少便利消费、一次性用品消费方式在人们不经意中浪费着巨大的能源。

转向低碳经济、低碳生活方式还应戒除以大量消耗能源、大量排放温室气体为代价的"面子消费""奢侈消费"的嗜好。目前不少发达国家都愿意使用小型汽车、小排量汽车。提倡低碳生活方式，我们并不反对小汽车进入家庭，而是提倡有节制地使用私家车。

四、节能减排与低碳经济

低碳经济也是绿色经济，是实现可持续发展的必由之路。低碳经济，就是最大限度地减少煤炭和石油等高碳能源消耗的经济，也就是以低能耗、低污染为基础的经济。

作为发展中国家，我国快速推进工业化进程。当前，制造企业依然是我国经济发展的主力军，也是落实节能减排的主要对象。在低碳经济背景下，开展节能减排，是我国生态文明建设的现实需要，有利于可持续发展。

低碳经济就是首先要考虑最省钱的减排办法。减碳 40%的份额可以通过节能的办法，其中建筑节能的方法是最经济的。剩余 60%的减碳要通过减排实现，包含混合动力、煤电和太阳能减排，其中利用太阳能达到减排是比较经济的方案。

1．加强制造业节能减排考核

随着中国经济的飞速发展，制造企业越来越多，如果直接排放废弃物，就会严重威胁人类的生存环境。政府应该采取措施，加强制造业节能减排考核，达成节能减排目标。从中央到地方分级考核，给每个区域划定任务，定期发布污染排放、用水用电和单位能耗等指标，设定详细考核目标，对排放达标的制造企业给予奖励，对排放超标的进行严肃问责，并要求其控制排放量，如果不能够合理控制污染，就勒令关闭。

2．提升节能减排技术创新水平

科学技术的发展影响经济发展，科学技术水平的高低也关乎节能减排效果。制造企业要加大节能减排技术研究，减少废弃物排放，提高资源利用率。同时，制造企业要积极与高校合作，加大人才引进力度，满足自身发展需求，推进节能减排技术创新。

3．完善节能减排相关法律法规

节能减排是我国推进生态文明建设，实现可持续发展的必由之路。近年来，我国发布不少节能减排相关法律法规，促进节能减排目标的实现。未来，要根据新问题和新形势，适时修订现行法律法规，并开展听证会，有序实施。制造企业可节约水电资源，减少废气排放，实行垃圾分类，最终达成节能减排目标。

4. 加大节能减排的监管力度

自国家实施节能减排政策以来，大多数地区都取得较好的效果。我国国土广阔，区域差异大，多数地区能够明确重点，制造企业将政策落实到位，而少数地区监管不力，制造企业未将政策落实到位。在落实节能减排政策时，应加大节能减排监管力度，重点关注监控不到位的地区，保证其将政策落到实处。各地应定期公示节能减排成果，加大奖惩力度，及时弥补工作的不足之处。政府应开通公众监督渠道，发挥公众的舆论监督作用。

5. 增强全民节能减排意识

当今社会，很多人缺乏节能减排意识，习惯浪费资源，增强全民的节能减排意识势在必行。政府可将传统媒体和新媒体相结合，加大宣传力度，通过广播、微博、抖音等平台向人们展现节能减排的好处，使其分类回收和综合利用可再生资源，从而推进节能减排，发展低碳经济。超市可以倡导绿色购物，引导消费者树立绿色消费理念，不使用塑料袋。

在低碳经济时代，开展节能减排是我国实现经济可持续发展的必由之路。全社会要倡导低碳生活方式，传播低碳生活理念，增强节能减排意识，加强生态文明建设。当前，科学技术进步改变了人们的日常生活，新能源汽车、光伏发电设施等随处可见，政府越来越支持和发展低碳经济。在低碳经济背景下，要大力推进节能减排，举全国之力共建文明和谐的生态社会。